发现香严寺
——南阳淅川香严寺建筑研究

王　巍　李　斌　贺一明　著

U0308476

四川大学出版社
SICHUAN UNIVERSITY PRESS

图书在版编目（CIP）数据

发现香严寺 ：南阳淅川香严寺建筑研究 / 王巍，李斌，贺一明著. -- 成都 ：四川大学出版社，2025. 2.
ISBN 978-7-5690-7455-0

Ⅰ. TU-098.3

中国国家版本馆 CIP 数据核字第 2025KJ9554 号

书　　名：发现香严寺——南阳淅川香严寺建筑研究
　　　　　Faxian Xiangyan Si——Nanyang Xichuan Xiangyan Si Jianzhu Yanjiu
著　　者：王　巍 李　斌 贺一明

选题策划：王　睿
责任编辑：李金兰　王　睿
特约编辑：孙　丽
责任校对：周维彬
装帧设计：开动传媒
责任印制：李金兰

出版发行：四川大学出版社有限责任公司
　　　　　地址：成都市一环路南一段 24 号（610065）
　　　　　电话：（028）85408311（发行部）、85400276（总编室）
　　　　　电子邮箱：scupress@vip.163.com
　　　　　网址：https://press.scu.edu.cn
印前制作：湖北开动传媒科技有限公司
印刷装订：武汉乐生印刷有限公司

成品尺寸：170mm×240mm
印　　张：16.25
字　　数：357 千字

版　　次：2025 年 2 月 第 1 版
印　　次：2025 年 2 月 第 1 次印刷
定　　价：99.00 元

本社图书如有印装质量问题，请联系发行部调换

四川大学出版社
微信公众号

序　言

香严寺位于河南省南阳市淅川县仓房镇白崖山,颇具"深山藏古寺"之意境。寺院始建于唐代,本是慧忠国师的讲经道场。唐之后,在明永乐和清康熙年间,寺院曾两度中兴,有"万顷香严"之称。香严寺坐北朝南,共有五进院落,现存建筑百余间,多为清代重建。寺院中轴线上分布有石牌坊、韦驮殿、接客亭、大雄宝殿、望月亭、法堂和藏经阁等建筑,依势而起,两侧有碾坊、厨房等附属建筑。此外,还有精美的石雕、砖雕、木雕与佛教壁画等。寺院具有较高的历史、艺术、科学及社会价值,是全国重点文物保护单位。

对香严寺的建筑进行研究,是本书的重点。香严寺建筑兼具北方官式与河南(尤其是南阳)的地域做法,加之南阳紧临湖北,故香严寺建筑风格深受中原与荆楚文化的双重影响。具体表现在香严寺建筑兼具河南、湖北、四川等地域营造特色:如韦驮殿屋面步架的"屋面分水"、法堂的"冷摊瓦"、大雄宝殿的"假歇山"、法堂插梁造中的抬梁与穿斗式,等等。除了上述内容,本书还探讨了寺内建筑几何中心点的设计思路,并采用30°与45°视线分析法,揭示为了创造舒适的视觉体验而采用的启、承、转、合等设计方法。

本书对于香严寺的研究,可称道之处还有很多。除去严谨的历史考证和深入的价值阐释之外,本书还揭示了寺院空间布局中的构图、比例等规律:"天圆地方"与建筑的等边尺度、"方五斜七"、黄金分割等的应用,以及建筑平面设计中的"压白尺"、插梁造与屋面分水等。这些均可被视为对目前中原地区宗教建筑研究的一种拓展与深化,亦为其他寺院的研究提供了可资借鉴的范例。此外,本书收录了翔实的香严寺建筑测绘图集,为今后的维修加固提供了可靠依据。作者还依据钟楼遗址平面与碑刻资料,参照《鲁班经》的相关记载及荆紫关禹王宫钟楼的形制等,对香严寺钟楼进行了复原,复原后的钟楼具有较强的说服力。

本书依据文献、碑刻、调研与实测资料,对香严寺的历史、建筑、景观以及文物价值、保护与发展等方面进行了系统探讨和深入研究,具有较高的学术、资料与实用价值,对于香严寺的保护和活化利用工作大有裨益。著作体例完备,亦可为学界对其他寺庙建筑的研究提供借鉴。

是为序。

李合群

2024 年 11 月 18 日

于河南大学 22 号院寓所

目　　录

第一章　千年古刹
——香严寺概述

　　香严寺位于河南省南阳市,始建于唐代,本是慧忠国师(六祖慧能门下五大弟子之一)的讲经道场,后唐宣宗李忱为避难在此剃度为沙弥。在唐代,香严寺与同属南阳的龙兴寺和丹霞寺齐名,共同构成豫西南地区声誉最高、香火最旺的三大佛刹。[①]唐代之后,香严寺两度中兴,分别是在明永乐年间和清康熙年间。清末,香严寺开始没落。香严寺有"万顷香严"之称,又曾被誉为"中州诸山之冠"[②],在南阳乃至整个中原地区的佛教发展史上占有重要地位,尤其与禅宗南宗在北方的发展和其分支沩仰宗、临济宗的发展关联甚密。

　　历经多朝的中兴和修缮,目前的香严寺坐北朝南,有房舍 140 余间,建筑面积4200 平方米左右,一共五进院落,建筑配置齐全,规制完整,轴线上石牌坊、韦驮殿、接客亭、大雄宝殿、望月亭、法堂和藏经阁等重要建筑依势而起(图 1.1),空间序列和谐且主次分明。建筑大多建于清代,建筑上的石雕、砖雕、木雕等精美绝伦,整体来说,体现了中原地区的建筑文化,同时也融合了南方建筑,尤其是湖北建筑的特色。除了古建筑,香严寺存有大量元明清时期的碑刻和明代大型佛教壁画,有东西塔林,保留有数十座宋元明清时期的僧塔等附属文物(图 1.2),均具有较高的历史、艺术和科学价值。

　　香严寺的具体位置是淅川县仓房镇白崖山,群山环抱,茂林修竹,环境优美,恰如古人所云——"深山藏古寺"。此地处于河南省的西南边陲、豫陕鄂三省的交界之处,

---

　　① 通常所说的唐代豫西南地区三大佛刹为香严寺、菩提寺和丹霞寺。本书经过考证认为菩提寺建于唐代这一说法存疑,菩提寺可能建于宋元时期;慧忠大师和神会大师都曾在南阳龙兴寺说法,尤其是神会,在龙兴寺说法 25 年,为南宗在北方的弘扬及南宗成为禅宗正统奠定了重要基础;丹霞寺为唐代天然禅师所建,为曹洞宗重要门庭,所以本书将香严寺、龙兴寺和丹霞寺列为唐代豫西南地区三大佛刹。

　　② 明嘉靖十三年(1534 年)《重修香严寺记》,见《香严寺碑志辑录》(全三卷)(内部资料,淅川县史志研究室 2000 年编)。

图 1.1　香严寺鸟瞰图①

图 1.2　香严寺东塔林宋代海印大师无缝塔

①　图源于淅川县人民政府门户网(http://www.xichuan.gov.cn/xq/fjms/content_11804)。

往东约十千米处为南水北调（中线）源头丹江口水库。其实，水库旁边原本坐落着香严寺的下寺，与我们现在所说的香严寺（即上寺）构成"上寺深山藏，下寺近水旁"的布局。遗憾的是，下寺在 1969—1970 年间丹江口大坝蓄水时被淹，从此只剩上寺，双寺遥相辉映成为历史。

除去选址和建筑、规划和布局、环境和景观等方面的特色，香严寺还有着深厚的人文底蕴。如其初建便是皇家创制，后来又因唐宣宗入寺避难、望月度势而与帝王结缘，又如流传至今的以香严寺为背景的禅宗公案，还有范仲淹（宋）、杨载（元）等历代墨客以及智闲①、如璧②等高僧所作的诗文和禅偈等，更遑论那些充满神话色彩与无限想象的民间传说和奇闻逸事了。它们都给这座千年古刹注入了温度，让它在厚重深刻的基调之上多了几分鲜活和生动。

民国时期及中华人民共和国初期，香严寺算得上"历经坎坷"，很多建筑及附属文物惨遭破坏。改革开放后，在国家文物部门的主导下，香严寺的日常修缮和保护开发才算是步入了正轨。香严寺 1986 年被列为河南省文物保护单位，2006 年被列为全国重点文物保护单位，属于古建筑类。近年来，香严寺的保护开发越来越受到省市多部门的高度重视。除去日常的保护修缮和对香严寺的挖掘研究之外，相关部门也积极促成以香严寺为创作背景和主题的文学、影视作品的问世③，而且还多次接待外国僧友访问团赴寺考察等。但客观来讲，由于地理位置较为偏僻，目前的交通并不便利，周边的旅游服务设施不甚齐全，日常来往的香客和游客不多，香严寺的影响力和知名度与其千年古刹的历史地位极不匹配。这一方面说明加快香严寺基础设施的建设势在必行，另一方面也说明对其价值的研究有待深入，对其的开发有待加强。

风铎常鸣，历史赓续。香严寺的发展牵动着省市相关部门领导、专家学者、周边群众以及诸多热心人士的心。当务之急，是系统地挖掘、梳理和呈现香严寺的历史、艺术、科学、社会和文化等方面的价值，让更多人认识这座"养在深闺人未识"的千年古刹，体会其独特的人望、地望和禅望，借此了解中原地区的传统建筑文化，同时帮助相关文物部门明确香严寺的开发利用方向，恢复这座古刹千年之前的辉煌。

---

① 智闲禅师，唐代高僧，禅宗沩仰宗初期发展的重要人物，对所悟佛理，均以诗偈而出，曾与唐宣宗李忱联句成诗。

② 如璧禅师，宋代高僧，俗名饶节，字德操。屡试不第，出家为僧。被陆游称为北宋第一诗僧。也有史料记载为"如壁"，但比较少，大量史料记为"如璧"。

③ 长篇历史小说《古刹潜龙》（夏冠洲，1998）、现代农村电视剧《花开山乡》（2021）等。

第二章　兴衰沉浮
——香严寺的历史研究

香严寺的历史演变有一个明显的特点，即与某些特定的人物密切相关，尤其是发展的重要节点。香严寺最初由中国佛教禅宗发展史上一位著名的僧人慧忠创制。他是禅宗南宗创始人六祖慧能的五大弟子之一，为弘扬禅宗思想做出了重要贡献。同时他也备受唐朝几代帝王的礼遇，被封为"慧忠国师"。为此，香严寺的历史研究应该从慧忠国师开始。

一、慧忠奏请，宝应创寺

慧忠，俗名冉虎茵，今浙江诸暨人，生年不详，卒于唐大历十年（775年）。慧忠在曹溪学法后漫游吴楚，之后选择在南阳白崖山党子谷居住，四十余年没有下山，修心问道，声名远播。据《宋高僧传》卷九、《景德传灯录》卷五和《五灯会元》卷二等佛教文献的记载，可以梳理出慧忠白崖山修心问道之后的人生轨迹。

唐开元年间（713—741年），中书侍郎王琚和太常少卿赵颐贞将慧忠的德行修持上奏唐玄宗，玄宗皇帝特地下诏请慧忠居住在龙兴寺[①]，王公大臣纷纷至龙兴寺向慧忠问道。

安史之乱爆发后，慧忠遁归。[②]

唐上元二年（761年），唐肃宗下诏将慧忠迎进长安，与其在崇德殿论道（图2.1），尊为国师[③]，并安排其居住在千福寺西禅院。

---

① 根据后文对于神会禅师的考察，此时南阳有龙兴寺，神会禅师应是在南阳龙兴寺。有一些研究认为慧忠所在的龙兴寺为长安龙兴寺，本研究并不认同。

② 比丘明复.中国佛学人名辞典[M].北京：中华书局，1988.

③ 《香严寺碑志辑录》里的《琴仙记并序》，清香严寺住持颛愚禅师所著。

唐宝应年间(762—763 年),唐代宗对慧忠礼待有加,将其安置在光宅寺。

之后慧忠一直住在光宅寺,随机说法①十余载②。代宗经常与慧忠讨论佛法,也邀请其他人与慧忠辩论佛法。在此期间慧忠奏请在武当山置太一延昌寺,在白崖山党子谷置香严长寿寺,并各请《藏经》一套用以度僧,代宗准奏。

唐大历十年(775 年),慧忠圆寂于长安,享年八十有余。③

图 2.1 唐肃宗问道慧忠④

慧忠在长安说法十有五载⑤,死后,代宗赐谥号"大证禅师",下诏命十王和白象将慧忠归葬于党子谷香严长寿寺,并按照慧忠生前遗愿建无缝塔供养纪念。慧忠入葬时,山中香气弥漫,数日不散⑥,从此,香严寺之名远扬。

综上,香严寺的始建时间应该在唐宝应元年至慧忠圆寂之前(762—775 年),以

---

① 随机说法为佛学术语,大意为应受教者之能力而施以各种说教,也称对机说法。

② 《景德传灯录》卷五和《五灯会元》卷二均载,慧忠在京师"十有六载随机说法"。

③ 比丘明复.中国佛学人名辞典[M].北京:中华书局,1988.

④ 图源于明代内府刻印的《释氏源流应化事迹》明成化二十二年(1486 年)彩绘刻本。

⑤ 《景德传灯录》卷五和《五灯会元》卷二记载的"十有六载随机说法"应为笔误。从上元二年(761 年)慧忠入长安住千福寺,后迁光宅寺直至唐大历十年(775 年)去世,他在京师待了 15 年。

⑥ 《香严寺碑志辑录》里的《琴仙记并序》,清香严寺住持颛愚禅师所著。

皇帝准奏敕建香严长寿寺为始建的标志。据刻于明宣德二年（1427年）的《重修十方长寿大香严禅寺记》所载，慧忠死后，其弟子耽源应真禅师①将香严寺营建至一定的规模。

香严寺分为上下寺，但上寺和下寺是否创制于同一时期，目前没有明确的史料或实物可考。目前可见的最早关于"香严寺分上下寺"的记载，出自明宣德二年（1427年）的《重修十方长寿大香严禅寺记》。其中提及，元末的战火将香严寺破坏殆尽，只留基址，明代的仁山毅禅师②计划在当时被称作下寺的地方兴建殿堂、门庑，之后建设上寺，但工未及半便圆寂。据此可推测明代之前的香严寺已经是上下双寺的布局。在此碑记之后的《大明一统志》《明嘉靖南阳府志》和其他明清碑刻都提到香严寺分为两个禅院，据此推断明清时期香严寺虽然历经兴废，但双寺布局应该是事实，而且广为人知。

明万历四十五年（1617年）的碑记《诸庵叙记》记载，下寺为上寺的田庄。刻于清雍正十三年（1735年）的《淅川香严禅寺中兴碑记》记载，上寺在"白岩万山环抱中"，下寺在"山麓丹水旁"。结合之前对慧忠国师的考证，可推测762—775年营建的南阳白崖山香严寺，应该是明清史料所言双寺中的上寺，对应的就是今天所见的香严寺。至于下寺是和上寺同时建置，还是由慧忠弟子耽源应真营造，抑或是更晚，就无从考证了。

慧忠作为禅宗史上的重要人物，同时也是香严寺的"半个创建者"，其人生经历富有传奇色彩。本章开篇的人生脉络梳理仍然存在着一些可探讨的空间。比如慧忠在白崖山修心问道四十余年，没有下过山，那为何在唐开元年间王琚和赵颐贞会将其德行上奏玄宗并敕居南阳龙兴寺，这是随意为之还是有其他缘故？

南阳龙兴寺或许提供了一个考察的线索。《宋高僧传》卷八记载神会禅师在唐开元八年（720年）"敕配住南阳龙兴寺"，之后去洛阳宣扬禅宗思想。前述向皇帝举荐慧忠的王琚在任邓州刺史期间，曾向神会问道，此次问道使神会"名渐闻于名贤"③。神会于唐开元二十二年（734年）在滑台举办无遮大会，此次大会对当时最有权势的神秀弟子进行了攻击，奏响了神秀所代表的禅宗北宗走向消亡的先声，也为以慧能为代表的禅宗南宗建立了宗旨，胡适认为这是中国佛教史上的一场革命。④ 禅宗文献几乎没有提及神会和慧忠之间的联系，⑤但简单梳理神会的人生脉络后可以看出，他

① 香严寺第三代住持。
② 明代香严寺的第一任住持。
③ 《神会语录》第一卷和《圭传》，见胡适.神会和尚遗集[M].上海：上海亚东图书馆，1930。
④ 胡适.神会和尚遗集[M].上海：上海亚东图书馆，1930.
⑤ 索罗宁、李杨.南阳慧忠（？～775）及其禅思想——《南阳慧忠语录》西夏文本与汉文本比较研究[C]//中国社会科学院民族学与人类学研究所.中国多文字时代的历史文献研究.北京：社会科学文献出版社，2010：24.

和慧忠有一些共同点,如同为六祖慧能弟子和六祖禅风在北方的重要传承人,在唐开元年间应该是入住了同一个龙兴寺,而且都和王琚有关联。胡适认为王琚和神会见面的时间应该是唐开元晚期。[①] 基于上述细节,或可推测先是神会入住南阳龙兴寺,然后是他和王琚见面,之后是王琚向皇帝奏请慧忠国师德行,皇帝诏请慧忠入住龙兴寺,最后是神会的无遮大会。这些事件之间可能或多或少存在着关联,串联起它们的线索之一就是六祖禅风的发扬光大。

二、宣宗出家,敕护香严

香严寺还与一位重要的历史人物有关,那就是 846—859 年在位的唐宣宗李忱(图 2.2),香严寺因为他而笼罩了一层浓厚且神秘的皇家色彩。

唐宣宗
法无偏颇
志尚勤俭
惜赏慎官
好贤纳谏
我思大中
亦沦小康
忌刻害治
卒以弗昌

图 2.2　唐宣宗李忱像[②]

正史中几乎见不到宣宗李忱出家的记述,更遑论出家之地的具体位置,只是提到李忱这个人"幼时宫中以为不慧""久历艰难,备知人间疾苦"。[③] 后世的一些记述

---

①　胡适.神会和尚遗集[M].上海:上海亚东图书馆,1930.

②　孙承恩《集古像赞》,明嘉靖十五年(1536 年)刊本。

③　见《旧唐书·宣宗纪》。

中①,可以见到关于宣宗出家的只言片语,经现代学者于辅仁等多方考证,宣宗出家具有一定的可信度。② 至于出家的地点,目前还存在一些争议。

一说是在南阳淅川香严寺。

相关佐证材料首推两宋之间的禅门领袖圆悟克勤禅师所撰写的《碧岩录》,其卷二记载,"武宗即位,常唤大中③作痴奴。一日,武宗恨大中昔日戏登父位,遂打杀,致后苑中。以不洁灌而复苏,遂潜遁在香严闲和尚会下,后剃度为沙弥,未受具戒"④。

其次是北宋诗人陈舜俞的《庐山记》,其卷二记载,"五峰之下有大雄庵,去慧日三里。山势环耸屹若城壁,亦别一奥处也。内翰钱易记云:贞观二年,梵僧寻山,爱其深远有若大雄演法之地,故名大雄。大和中,宣宗避难,与僧志闲尝居焉"⑤。此中的志闲,应该就是香严寺的智闲禅师,他与李忱云游四海,曾在大雄庵居住。这也是李忱创作《瀑布联句》一诗的背景,诗一共四句:"千岩万壑不辞劳,远看方知出处高。溪涧岂能留得住,终归大海作波涛。"据《佛祖统纪》⑥所载,此诗为李忱和智闲禅师在庐山所作的联句诗,前两句为智闲所作,后两句为李忱所作。借瀑布之势言志,寄寓了不甘落寞、希望有所作为的情怀。

最后是刻于清雍正十三年(1735 年)的《重修宣宗皇帝殿碑记》,该碑记记载了唐宣宗在香严寺避难出家以及救护香严寺之事:唐武宗李炎在位时(840—846 年),李忱为光王,李炎认为李忱对他的皇位构成威胁,于是将其拘于后苑。后来宦官仇士良诈称李忱坠马而死,李忱趁机逃走,至香严寺,在智闲禅师门下削发出家。后来,武宗驾崩,太后命令大臣赴香严寺将李忱迎回朝廷。李忱登基为帝,即唐宣宗。这就是香严寺不同于其他寺庙而以关羽为护法神,而独以唐宣宗为护法神的缘由。碑刻还记载了清雍正年间重修香严寺上寺宣宗殿之事。

一说是在今浙江海宁市盐官镇海昌院,李忱在此礼齐安禅师,成为其正式的法嗣,⑦《宋高僧传》卷十一和《景德传灯录》也有记载。齐安禅师本是唐宗室后裔,和李

① 有《资治通鉴考异》《北梦琐言》《中朝故事》《祖堂集》等。

② 于辅仁.唐宣宗出家考[J].山西大学师范学院学报(哲学社会科学版),1990(2):84-88.其他如刘泽亮的《黄檗禅学与裴休、李忱》等他也力主宣宗为躲避武宗迫害而遁迹江南,日本学者忽滑谷快天在《中国禅学思想史》中也持同样观点。也有一些学者认为此说不可信,如郭绍林(《唐宣宗复兴佛教再认识》)、陈茂同(《唐宣宗"遁迹泉州"考索——洛阳桥"万安"得名辨证》)、牛致功(《试论唐武宗灭佛的原因》)从不同角度论证宣宗不可能遁迹为僧。

③ 大中,唐宣宗李忱的年号。

④ 滑红梆.唐宣宗的庐山诗作[N].长江周刊,2012-09-12.

⑤ 滑红梆.唐宣宗的庐山诗作[N].长江周刊,2012-09-12.

⑥ 释志磐.佛祖统纪[M].扬州:广陵古籍刻印社,1991.

⑦ 文献记载为"杭州盐官齐安禅师法嗣",见唐宣宗出家考[J].山西大学师范学院学报(哲学社会科学版),1990(2):84-8.海昌院即为今浙江海宁市盐官镇的安国寺,1978 年后已经不存在。

忧多少也是有些关联的。[①]

　　还有一说是在今江西省宜春市的百丈寺和黄檗寺。百丈寺的高僧黄檗希运禅师为临济宗的鼻祖,有文献记载前文《瀑布联句》是李忱和黄檗禅师而非和智闲禅师所作,如《庚溪诗话》[②]等。

　　在今天的河南省南阳市淅川县、浙江省嘉兴市海宁市盐官镇和江西省宜春市奉新县等地,流传着不少关于宣宗出家的传说。宣宗出游为僧是为了逃避唐武宗对他的迫害,他逃至多个佛寺避难也是极有可能的,这样才能最大限度地保证人身安全,所以才会有如此多关于宣宗出家地点的说法和传说。实际上,黄檗希运和香严智闲都曾在百丈怀海门下修习,都是比较突出的弟子。百丈怀海去世后,智闲又短暂地投身沩山灵祐门下,而沩山灵祐和黄檗希运一样,是百丈弟子中自创宗派的两大龙象[③],因为这层关系,李忱很有可能辗转于多处避难。从时间上来看,齐安禅师圆寂于842年,此时距离李忱继位还有4年,而黄檗禅师比智闲禅师年长[④],较早地获得更高的声望,所以推测李忱可能先在海昌院齐安禅师门下,之后在黄檗禅师门下,然后去了香严寺智闲禅师门下(图2.3)。

图2.3　唐宣宗李忱法脉关系推测图

　　依《碧岩录》《庐山记》《佛祖统纪》等文献和碑刻《重修宣宗皇帝殿碑记》所载,宣宗在淅川香严寺剃度为沙弥具有一定的可信度,但宣宗殿是否建于宣宗李忱下诏恢复全国佛寺之后,以及是否就是今天香严寺中的望月亭,并无明确的史料可证。但毋庸置疑的是,宣宗出家避难为香严寺增添了皇家气质和神秘色彩。

---

① 于辅仁.唐宣宗出家考[J].山西大学师范学院学报(哲学社会科学版),1990(2):84-88.

② 《庚溪诗话》记载:"唐宣宗微时,以武宗忌之,遁迹为僧。一日游方,遇黄檗禅师同行,因观瀑布。黄檗曰:'我咏此得一联,而下韵不接。'宣宗曰:'当为续成之。'黄檗云:'千岩万壑不辞劳,远看方知出处高。'宣宗续云:'溪涧岂能留得住,终归大海作波涛。'其后宣宗竟践位,志先见于此诗矣。然自宣宗以后,接之时,宇内遂不靖,则作波涛之语,岂非谶耶?"

③ 百丈禅师入寂后,他的禅法由沩山灵祐和黄檗希运接续下去,发扬光大。结果黄檗希运传法给临济义玄,并由义玄创立举世闻名的临济宗,是禅宗"一花开五叶"中的一叶;沩山灵祐传法给仰山慧寂,又由他们师徒勠力,共同开创了名震禅林的沩仰宗,是"五叶"中的另外一叶。

④ 按照百丈怀海的关系论,黄檗应是智闲的师兄。按照沩山灵祐的关系论,黄檗应是智闲的师叔伯。

三、明清两代，几度中兴

香严寺元代的史料较少。《嘉靖邓州志》卷九里的"附仙释"提到元世祖围攻襄阳时，曾驻军在顺阳并命人砍伐"香严山忠国师阁"前面的千年古树来造船，之后不久襄阳便被攻陷了。此外元代留存的《香严山十方长寿禅寺住持千峰性圆碑记》，记载了千峰禅师主导修建石桥一事。元朝末年，香严寺上下禅院均被战火烧毁。明清两代，均有较大规模的营建行为。

（一）永乐大修，敕赐"显通"

《明嘉靖南阳府志校注》（1984年翻印）卷十一仅简单记载香严寺在"永乐中重建"。刻于明宣德二年（1427年）的《重修十方长寿大香严禅寺记》记载得较为详细：仁山毅禅师明永乐元年（1403年）发志复兴香严寺，但事未成便圆寂。其弟子普门禅师想要继续经营，但被皇帝安排去修编词典。之后在其另一弟子太虚禅师的主导和经营下，香严上下寺均得到重建：明永乐十一年（1413年）上寺开始重建，明永乐十九年（1421年）告成；明永乐十七年（1419年）下寺开始重建，明永乐二十年（1422年）完工。此次重建，使得香严寺"丛林之气象复振，佛日之光焰倍增，实香严之中兴也"。碑记也记载对于香严寺的重建，物资是个棘手问题，太虚禅师曾想办法寻求帮助。

刻于明万历四十二年（1614年）的《礼部札付》记载了此次大修中的一个重要事件，即皇帝为香严寺赐名之事。在永乐大修之前，太虚在香严寺基址之地"结庵住守"，为众仰慕。当时，"……建武当宫观，偶因浮桥损动，役夫坠落者数多，每於阴夜，号泣声遍野"，他应隆平侯张信之邀，设坛做法三昼夜，从此"绝无号泣于阴夜者"。"感兹灵异"，明成祖恩准用武当宫观建设所剩物料为太虚重建寺庙，仍使用之前的旧名，即香严寺。尚衣监潘记于明成化二十年（1484年）之后得知此事，又见近些年寺庙被无知之辈侵扰，寺僧生活艰难，便将此事上奏明宪宗，望敕赐新额，颁敕加护。明成化二十三年（1487年），皇帝批复赐"显通寺"。

抹去《礼部札付》所载事件的传说色彩，武当剩料建寺、请求赐额和皇帝批复有相当的可信度，这些事件对于理解香严寺的历史身份有重要的意义，但可能一直被忽视了。香严寺本是禅宗大师慧忠国师的道场，其地位和重要性毋庸置疑；香严寺还因是唐宣宗李忱避难出家之所而受到皇家庇护，为其平添了几分特殊性。这些历史太过耀眼，让人忽视了明朝皇帝赐名"显通寺"之事。"显通"的字面之意和大显神通相关，直接指向太虚禅师，所以香严寺历史上另一个重要的人物就是太虚禅师。太虚在废墟之上主导完成了香严寺上下寺的重建，使得气象复振、佛光倍增，还使香严寺赢得了当朝皇帝的青睐,得新名"显通寺"并受皇家保护。这也是香严寺历史中浓墨重彩的一笔,但"香严"之名流传太广,"显通"一名便只能安静地存于史书之中了。

(二)嘉靖重修,诸山之冠

根据刻于明嘉靖十三年(1534年)的《重修香严寺记》所载,明嘉靖年间香严寺进行过一次重修。碑记作者的舅舅、官居别驾的李公退休后游览至香严寺,发现寺庙年久失修,于是提议并促成了这次重修。这次重修耗时不长,修复后的香严寺"广大高明、坚密完固""为中州诸山之冠"。

明嘉靖年间,香严寺还修建了一座钟楼。刻于清康熙二十二年(1683年)的《香严寺创修钟楼记》记载,明嘉靖三十五年至三十九年(1556—1560年)修建钟楼一座,在佛殿之东,但没有说明钟楼修建在下寺还是上寺。钟楼很早便出现在佛寺中,早期钟楼或单独设置,或和藏经阁对称设置,一般在东侧。在宋元时期,钟楼一般是和其他楼阁式建筑或轮藏①成对设置。元末之后,钟楼多与鼓楼成对设置,但在明朝初年,也存在着钟楼单独设置的实例。② 关于香严寺单钟楼的创修以及现存钟楼的复原,本书第四章将详述。目前香严寺内的钟楼为2000年之后重建(图2.4)。

图2.4　香严寺现在的钟楼(2000年之后重建)(王宜栋提供)

① 能旋转的藏置佛经的书架。设机轮,可旋转,故名。
② 玄胜旭.中国佛教寺院钟鼓楼的形成背景与建筑形制及布局研究[D].北京:清华大学,2013.

也有碑记记载了钟楼造像之事,如明万历十三年(1585年)《香严寺钟楼造像碑记》。

现在香严寺的入口处有一座石牌坊,也为明嘉靖年间重建。牌坊为四柱三间式,正面横额上刻有"敕赐显通禅寺"六个字,横额背面刻有"大明唐府重建 嘉靖己亥孟春立"字样,嘉靖己亥年即1539年。明代南阳为唐王府所在地,这座牌坊可以佐证香严寺和唐王府的关联。

经过明嘉靖年间的重修,香严寺达到了空前的规模。据明万历元年(1573年)《香严寺四至边界碑记》所载,香严上下两寺一共占地将近900顷,其中上寺占地800多顷,可见"中州诸山之冠"绝非虚名。此时的香严寺有如此盛况,可能与唐王府的支持有关。

明万历年间,下寺被水淹没;明崇祯年间,上寺被李自成率领的义军破坏,寺毁僧散。[①]

(三)康熙大修,香严再兴

宕山禅师为清代香严寺的首任住持,矢志修复香严寺。在他圆寂之后,其弟子蜀叟禅师继续营建。南阳太守王维新捐钱支持,并为香严寺追回被他人强占的三十余顷田地,下令免除香严寺一切赋税杂役。修建工程还没进行到一半,蜀叟禅师便圆寂,之后香严寺又开始没落。[②]

清康熙年间,德高望重的宝林禅师来到香严寺,香严寺的发展又有了起色。清康熙六十年(1721年),宝林禅师离开香严寺,其弟子颛愚禅师任香严寺住持。在颛愚禅师的主导下,从清雍正元年(1723年)开始,历经九年的建设,到清雍正十年(1732年)上下寺修建完工。此次重建,使得香严寺达到了空前的规模,宏伟壮丽,宛如山林间的天宫,照耀崖壑。[③]

清乾隆十一年(1746年)的《复记师重建香严寺主建筑记功碑》记载了香严寺重建的一些细节。上寺修建了大藏经阁(七开间)、传灯阁、普贤殿、文殊殿、韦驮殿、伽蓝殿、祖师殿、西花堂、悬钟阁、大雄宝殿等,下寺建造大殿、方丈室、山门、钟楼、柏子庵、僧房等,上下两寺房间共437间,围墙700余丈。之后颛愚视察两寺,发现"来脉有缺,乃琉璃塔一座",于是在下寺建石塔一座,在上寺建待月、迎春二桥(图2.5、图2.6)"以锁水口"。目前待月桥保存较好,迎春桥有明显的修缮痕迹。关于大藏经阁,另有一碑《大藏经阁创修来缘记》(立于清乾隆八年,即1743年),其中一段记载为"公曰,建大阁以称山雄,自有山灵默助,遂卜地于雨花堂之……"。此段之前的碑文记录了

---

① 据《淅川香严禅寺中兴碑记》。

② 同上。

③ 同上。

寺众对于工程竣工后又要修建大藏经阁的不解和畏难情绪,由此可见大藏经阁可能本不在此次修建计划中,而且其修建主要出于与山形相称及提高声望的考量。

图 2.5　香严寺现存待月桥

图 2.6　香严寺现存迎春桥

《重修宣宗皇帝殿碑记》记载,上下寺修缮完毕之后,宣宗殿的修缮因故被耽搁。清雍正十三年(1735年),颛愚禅师在下寺坐禅入定,眼前忽然闪过上寺宣宗殿倒塌的景象,于是第二天赶往上寺查看,当晚,宣宗殿果然因狂风倒塌,颛愚禅师遂将宣宗殿修葺一新。至于为何1723—1732年的大修没有修葺宣宗殿,上述两个碑记都没有记载。清乾隆十一年(1746年),颛愚禅师的门人弟子为颛愚建造法云塔,"七级穴地为宫",高三丈有余,并刻《敕建香严显通禅寺颛愚谧禅师法云塔铭》碑记,以纪念颛愚禅师的功德。目前法云塔保存完整,六边形仿楼阁式,是清塔中的精品(图2.7)。

图2.7　香严寺东塔林颛愚禅师法云塔(迟鸿津提供)

今天我们所见到的香严寺的建筑配置和格局,基本上都是清康熙年间的大修奠定的。这次大修使香严寺进入全盛时期,同时,寺庙的组织机构和管理体系渐趋完备,僧人数量超过了600[①],属实是香严寺历史上的一次再兴。

在此之后,香严寺也有过几次小规模的修缮:

据刻于清乾隆三十九年(1774年)的《重建法堂、禅堂、祖堂碑记》所载,清乾隆三

① 《南阳民族宗教志》编辑室1989年所编《南阳民族宗教志》第220页。

十八年（1773 年）春天至清乾隆三十九年（1774 年）秋天对香严寺进行修缮，修缮对象包括香严寺上寺的五间法堂、五间禅堂、三间祖堂，均在佛殿的南面，修缮后"辉煌一新"。碑刻作者受住持和监院的嘱托撰此碑文，表达了创修佛教建筑是他们的本分，"自当建梵林之功"。

据刻于清嘉庆二十二年（1817 年）的《重修斋堂记》所载，1816—1817 年住持主导完成了斋堂①的修缮。

据与《重修斋堂记》同年所刻的《重修长生库记》所载，寺院住持道乘禅师和前任住持华禅禅师共同组织，对长生库②进行了重修。长生库应该是建于颛愚禅师任住持期间，即清雍正年间。长生库的收入是古代寺庙重要的经济来源之一，尤其是在唐宋时期，体现了寺庙文化和社会经济之间的关联。颛愚禅师以香严再兴为己任，也的确实现了这一目标。寺庙的修建离不开金钱和物资的支持，他创建长生库，功不可没。

四、民国时期，乱世争斗

民国前期，军阀割据。已经处于衰微态势的佛教更是朝不保夕，南阳地区一些根基薄弱的寺院基本解体。1927 年冯玉祥主持河南政务，提出"改造庙宇，兴办学校"，除偏僻山区外，多数寺庙被改作他用或拆毁。香严寺方丈等人去南京请愿，要求保留包括香严寺、丹霞寺、菩提寺和玄妙观在内的四所南阳寺庙，得到批准。③

民国中后期，政局更加动荡。一些反动势力趁机谋权逐利，香严寺也被卷入政治争斗。1944 年，香严寺方丈释润斋被淅川县伪民团杀害，释福祥继任了方丈之位。

在那风雨飘摇的年代，仍然有不少志于佛教事业的人为重振南阳的佛教不断努力。1947 年，在释湛洁的倡导下，香严寺成立"河南太虚佛学院"，以"培养僧材，中兴佛教"为宗旨，后因解放战争而停办，其组织机构和选聘人员如图 2.8 所示。

新中国成立前夕，以香严寺和尚释慧宿为首的多人勾结淅川县国民政府县长杨

---

① 斋堂，也叫五观堂，即寺庙里的食堂。

② 寺院资财积而后，衣食供给及佛事用度余下的大部分，用于侈费和借贷生息增值。将余资以抵押方式有息地借贷给需要接济者，既属慈善之举，可以扩大佛教影响，同时又是一个稳靠的取利增值渠道，实为两便互益之计。于是，寺库质贷应运而生，成为南北朝至明清中国寺院集文化与经济于一体的"长生库"制度。此处的长生库，指的是寺院与百姓进行交易并存放物资的建筑。见佛教中的"长生库"制度[J].中国金融家，2008(5)：110。

③ 《南阳民族宗教志》编辑室 1989 年所编《南阳民族宗教志》第 220-221 页。

嘉会,密设电台,用武力抗拒解放军。最后,杨嘉会被歼灭,释慧宿等人被逮捕,释福祥离寺返回原籍,寺僧星散。[①]

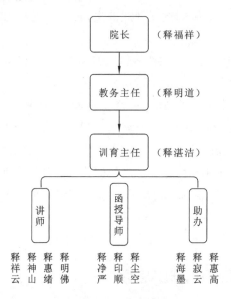

图 2.8　河南太虚佛学院组织架构图[②]

五、新中国成立后,任重道远

新中国成立后,香严寺的佛事活动停止。

1959—1965 年,因兴建丹江口大坝,部分学校迁入香严寺上寺,在韦驮殿和过厅之间新建一座三层教学楼。

1966 年,"文化大革命"开始不久,香严寺在"破四旧""立四新"的运动中遭受严重破坏。

1969—1970 年,丹江口大坝蓄水,香严寺下寺建筑被淹。

1983 年,按照国家的文物保护政策,香严寺移交给淅川县博物馆,之前迁入的学校搬离。从此香严寺的保护工作走上了正轨。

1986 年,香严寺被列为河南省文物保护单位,香严寺文物管理所成立。

1987 年,韦驮殿和过厅之间的教学楼被拆除,所有物料都用于香严寺的修缮工程。

---

① 见中共淅川县委党史工作委员会 1987 年所编《中共淅川县党史大事记(1931—1949)》。

② 改绘,见《南阳民族宗教志》编辑室 1989 年所编《南阳民族宗教志》第 220 页。

1990年，文物部门对香严寺的保护范围进行了界定，推进了文物保护工作。

1992年，淅川县文物管理委员会、文化局联合对香严寺进行维修。

1996年，河南省文物局拨款7万元用于香严寺的修缮，工程进行至后半段，资金出现短缺，于是相关领导组织募捐，筹得1万元，使得工程顺利进行。

2006年，香严寺被列为全国重点文物保护单位。

自香严寺被列为河南省文物保护单位，国家和省市文物部门多次拨款对香严寺进行修缮。淅川县也越来越重视香严寺的开发利用，相关部门多次发出修缮香严寺的号召，曾开展"爱我淅川、兴我香严"的捐款活动，为香严寺筹集修缮资金。还为香严寺职工审批编制，架设照明线路，修建水利设施，修筑通往码头的公路等，逐步完善香严寺的基础服务设施。同时还积极推进香严寺的研究与文化传播工作，促成一系列的以香严寺为主题的学术成果和艺术作品问世，如长篇小说《古刹潜龙》（1998年）、《香严寺碑志辑录》（2000年）、全面介绍香严寺历史和现状的《中州古刹香严寺》（2001年）等。近年来，不少禅宗学者和外国僧友团来香严寺考察、访问和交流。

香严寺作为千年古刹，有着非常辉煌的历史。今天的香严寺，基本保留了清代的风貌，虽然其知名度和影响力大不如前，但交通和基础服务设施逐年完善，且从香严寺的选址来看，群山环抱的地理位置实属优越，环境清幽雅静，相对于其他文物古迹而言，具有一定的优势，十分适合发展文旅产业。

六、寺名变迁

（一）香严寺与香岩寺

香严寺历史悠久，寺名也流传着多个版本（表2.1）。本书采用的"香严寺"是目前流传最广的也是官方的名称，此外还有香严长寿寺、显通寺、香岩寺、香橼寺等。香严长寿寺和显通寺均有明确史料记载，而且没有争议。香严长寿寺为唐代宗敕封的寺名，而显通寺为明宪宗敕封。淅川本地传有"香橼寺"[①]一说，但目前可见的史料中未见"香橼寺"，其应只是百姓之间茶余饭后的闲谈。至于"香岩寺"，史料中也比较常见。

---

① 当地百姓说寺里有一棵香橼树，于是就叫该寺"香橼寺"。

表 2.1 方志和碑记等史料中的寺名汇总一览表

寺名	出处	时间
香严长寿寺、香严寺	《宋高僧传》	宋端拱元年（988 年）
十方长寿禅寺	《香严山十方长寿禅寺住持千峰性圆碑记》	元至元四年（1338 年）
香严寺	《重修十方长寿大香严禅寺记》	明宣德二年（1427 年）
香严长寿寺	《重刻万顷香严长寿寺古碑记》	明正统二年（1437 年）
香岩寺、香严寺①	《大明一统志》	明天顺五年（1461 年）
香严寺	《重修香严寺记》	明嘉靖十三年（1534 年）
香岩长寿寺	《明嘉靖南阳府志》	明嘉靖三十三年（1554 年）
香岩寺	《嘉靖邓州志》	明嘉靖四十三年（1564 年）
香严寺	《香严寺钟楼造像碑记》	明万历十三年（1585 年）
香严寺	《礼部札付》	明万历四十二年（1614 年）
香岩长寿寺	《淅川县志》	清康熙二十九年（1690 年）
香严寺	《淅川香严禅寺中兴碑记》	清雍正十三年（1735 年）
香严寺	《重修宣宗皇帝殿碑记》	清雍正十三年（1735 年）
香严显通禅寺、香严寺	《敕建香严显通禅寺颛愚谧禅师法云塔铭》	清乾隆十一年（1746 年）
香岩长寿寺	咸丰《淅川厅志》	清咸丰十年（1860 年）
香岩长寿寺	《淅川直隶厅乡土志》	清光绪年间（1905—1908 年）
香严寺	《南阳民族宗教志》	1989 年
香岩寺、显通禅寺	《淅川县志》	1990 年

从表 2.1 可以看出，"香岩寺"和"香严寺"在史料中都比较常见，而方志中多为"香岩寺"。因为方志的编写有其特点，即时间晚近的方志通常会参考之前的方志，所以从明天顺五年（1461 年）的《大明一统志》到 20 世纪 90 年代的《淅川县志》均使用"岩"字。《大明一统志》记载，慧忠国师入葬白崖山之时，香风一月不息，于是将寺庙命名为"香岩寺"。岩和山有关，寺庙处于香气经久不散的白崖山中，自然可以称为"香岩寺"。

① 在介绍寺观时，词条名称为"香岩寺"；在介绍山川时，白崖山的词条解释里出现了"香严寺"。见《大明一统志》卷三十。

"严"则见于大量的碑记和少量的书籍中,比如《宋高僧传》。碑记和《宋高僧传》的内容表明,"香严长寿"之名源于唐代宗敕封,而"香严"之所以广泛流传,也是因为慧忠国师葬于白崖山时弥漫数月的香气。有现代学者[①]解释为当时的人们发现此异象,遂根据佛教用语"香光庄严"[②]以"香严"称呼该寺。从此"香严寺"之名远扬,而其他名字逐渐被人们淡忘了。

考虑到碑记多为寺内僧人撰写,而方志的编写者多为担任一定官职的地方学者,所以"香严寺"应该为寺内僧人及附近百姓所使用的名字,而学者们沿用了方志中从明代便开始使用的"岩",在历代官方叙事中为香严寺增添了一道历史面相,这对香严寺的历史传承是有益的。方志的记载,其实可视为一种对于古迹的记录和传播。古人了解大好河山和名胜古迹的方式非常有限,文字的传播可以更好地让古人了解未亲眼所见的名胜古迹,而这也是方志记载古迹的一个重要意义。

(二) 香严西寺与白云寺

关于香严寺之名,其实还有一段鲜为人知的历史。《香严寺碑志辑录》收录的清道光至清光绪年间的碑文对其有所提及,其中还出现了"香严西寺"和"白云寺"等表述。

刻于清道光十三年(1833 年)的《香严西寺合家碑》记载:"……想吾香严西寺,今虽号曰白云,其始实名香严,回忆祖上以来……虽不及东邻之胜,而亦非不足不给者……"之后还提到了西寺内部分崩离析导致寺庙衰落,因此制定数条寺规以求复兴。

刻于清同治十年(1871 年)的《重修娘娘殿碑文》记载了寺僧了慧重修白云寺娘娘殿之事,碑文署名有住持福祯。福祯禅师正是此时香严寺的住持。

刻于清光绪四年(1878 年)的《重修白云寺佛殿碑记》记载了重修白云寺佛殿一事,此事与祈雨有关。工程行至一半,佛殿忽然坍塌,之后又重新修建。

从《嘉靖邓州志》的淅川县图(图 2.9)可以看出,下寺在上寺的西南方位,所以香严西寺应该就是我们所说的香严寺下寺。在清道光至清光绪年间,下寺有单独的名字,叫白云寺,其中有佛殿名为娘娘殿,而《香严西寺合家碑》里所谓的"东邻"应该为上寺。碑文表明上下寺的经济管理似乎是分开的,但是住持是同一人。

这应该是目前可知的香严寺历史中比较特殊的一段,上下寺各自负责自己的经济问题,下寺明确出现于碑文中而且有单独的名字,之前的碑文基本都是以上下寺或者香严寺统一指代。推测此时上寺应该还叫香严寺,当然也有待日后更深入的考证和新的史料发现。从刻于修葺下寺佛殿之年的《香严寺卖地碑》来看,这段时间香严寺的经济状况并不乐观。经济问题或许是上下寺经济分立和下寺使用新寺名的原因之一。

---

① 陶善耕,明新胜.中州古刹香严寺[M].北京:中国致公出版社,2001:16.

② 佛教术语.心念佛,佛随逐于吾身,犹如染香气之人身有香气也。

图 2.9 《嘉靖邓州志》中的淅川县图

七、其他历史典故

(一) 唐：被谬传的一行和被忽视的智闲

香严寺为慧忠国师道场，又有唐宣宗李忱救护，属实"来头不小"。方志记载，香严寺和唐代著名的和尚一行也有关系。《大明一统志》《明嘉靖南阳府志校注》均记载，香严寺为一行和虎茵的修道之所。慧忠国师与香严寺之间的关联是清晰的，方志、碑记、诗偈、佛教文献等均可佐证。但是香严寺为一行和尚的修道之所一说，并无其他史料可证。明代文学家李袞曾考证，一行和尚一生从未到过白崖山，所以香严寺为其修道之所应为牵强附会或者谬传。[①]

---

① 陶善耕，明新胜.中州古刹香严寺[M].北京：中国致公出版社，2001：187.

智闲禅师是香严寺的住持,也是唐宣宗李忱香严避难时的师父,更是一代高僧,在宋代名画《八高僧图》中位列第四(图 2.10)。智闲隶属于南宗南岳系[①],先后师从百丈怀海和沩山灵祐,和仰山慧寂[②]是师兄弟。他虽然天生聪明机慧,但却一直参禅不得,于是去香严寺修道,之后发生的"瓦砾击竹"一事,标示着智闲终于开悟得道,此事也成为禅宗的一则著名公案。除此之外,还有关于他的公案"香严上树"传世。"瓦砾击竹"讲的是有一天智闲正在割除杂草,随手扔出一块碎石,打在竹子上,他听到声响后突然就省悟了,还作了一首颂[③]。"香严上树"讲的是智闲发问,如果一个人在树上,嘴衔着树枝,手脚都没有依靠,这时突然有人询问祖师西来意是什么,回答则会丧命,不回答则违背了他的求知苦心,应该怎么办。一位和尚说,他在树上的时候不发问,等他不在树上时再问。[④] 智闲的生卒年不详,能确定的是晚唐五代时期是他活动的年代。

图 2.10　《八高僧图》中的香严智闲

可能是由于慧忠国师和唐宣宗李忱的名气太大,目前关于香严寺的研究,对于智闲禅师的关注较少。其实,智闲禅师是南宗"一花开五叶"中沩仰宗发展初期的重要人物。在这五个宗派中,沩仰宗形成得最早,却也消失得最早,前后约一百五十年,北宋初期其法脉已经衰微。沩仰宗由沩山灵祐和仰山慧寂师徒共同创立,智闲禅师被认为是仅次于他们的重要人物。智闲禅师将本是在湖南、江西一带传播的沩仰宗传播至河南南阳,他长期居住在香严寺,因此也被称为"香严智闲"。其门下弟子将禅法

---

① 南宗分为南岳系和青原系,南岳系后来分化为临济宗和沩仰宗,青原系分化为曹洞宗、云门宗和法眼宗。
② 沩仰宗的开创者之一。
③ 一击忘所知,更不假修持。动容扬古路,不堕悄然机。处处无踪迹,声色外威仪。诸方达道者,咸言上上机。
④ 《五灯会元》卷九、《景德传灯录》卷十一。

传播到当时的吉州、寿州、益州、均州、江州、安州和终南山等地,扩大了沩仰宗的影响。在传法过程中,智闲禅师延续了沩仰宗的特色,采用较为温和的教化方式,启发学人;在义理上,他把禅宗中传统的"参禅"改造成道家色彩浓厚的"参玄",普及了无为无修的祖师禅思想。他在教化时多采用诗歌体的颂辞,密切了与士大夫的联系,为宋代禅宗的文学化转向奠定了基础。另外,北宋时期盛行于南方的云门宗、曹洞宗等宗门之所以能快速在北方大地扎根发芽,部分原因也在于智闲等人的前期铺垫。①

综上,香严智闲是禅宗南宗沩仰宗发展史上的重要人物,为南宗其他宗派在河南地区的传播做出一定的贡献,所以智闲禅师应该得到更多的关注和重视。

(二)宋:范仲淹的残句诗

香严寺的历史,还与一些家喻户晓的历史人物有关联,比如北宋政治家、文学家范仲淹。

北宋庆历六年(1046年),范仲淹抵达邓州任知州,知邓三载,使邓州政通人和,百废俱兴,百姓安居乐业。其传世名篇《岳阳楼记》及许多诗歌均写于邓州。北宋的邓州,又称南阳郡,下辖穰、南阳、内乡、顺阳、淅川五县。据《大明一统志》、清《河南通志》等所载,范仲淹曾有诗云"白崖山下古禅刹",此残句描写的正是白崖山和香严寺。无奈目前可考的资料中找不到关于此残句的其他记载,因而范仲淹考察白崖山香严寺和所作的全诗变成了一个谜。但范仲淹次子范纯仁曾写过一首和香严寺有关的诗,即《寄香严海仙上人》:

> 穰邓相逢已十年,想怀风格镇依然。
> 身同幻境融都寂,心得玄珠照自圆。
> 倚锡静眠松下石,煮茶闲试竹间泉。
> 利名识尽情犹熟,终羡吾师绝世缘。

穰邓即今天的邓州市,香严应该就是香严寺。此诗描写了范纯仁十年前与海仙上人相逢的场景,并表达了对其生活和胸怀的羡慕。海仙上人应该是指香严寺的住持或高僧。

(三)元:憨憨和尚牧牛伏虎

还有一位济公式的传奇人物和香严寺有关,叫憨憨和尚。

《题唐弘经撰憨憨和尚牧牛翁庙碑后》刻于清乾隆十二年(1747年),主要记载了元至大元年(1308年)一个自称憨憨的和尚在香严寺牧牛、伏虎等一系列传奇故事。憨憨和尚稍显疯癫,住在香严寺的西廊,以牧牛为职。感念其恩德,他死后寺僧为其

---

① 赵娜.香严智闲禅师论析[J].河南科技大学学报(社会科学版),2018,36(1):10-14.

立塔,百姓为其立庙,这些都被贡士唐弘经载于碑刻。但后来庙毁,碑刻亦不存在,直到清乾隆年间一段残碑偶然被发掘出,才有了上述"庙碑后记"。

禅宗很多祖师喜欢用"牧牛"譬喻"修心",即以"牧童"喻"修行者",将"牛"比作"心性",如禅诗《牧牛图颂》。憨憨和尚牧牛应该具有一定的可信度,但关于他的那些神奇故事应为后人杜撰。憨憨和尚故事的出现和流传应该与禅宗本身的发展有关,同时也应该与元朝的统治有关。憨憨和尚就如家喻户晓的济公和尚,其形象体现了寺僧和百姓心中的朴素愿景。在今天香严寺入口处的石栏杆、藏经阁一楼、虎山伏虎阁檐枋内侧,均可见以憨憨和尚牧牛和伏虎为主题的绘画(图 2.11、图 2.12)。

图 2.11　藏经阁一楼檐枋彩画:憨憨和尚伏虎

图 2.12　伏虎阁檐枋内侧彩画

(四) 明：藩王进香修石桥

明太祖朱元璋建立明朝以后，采用分封制。所有的皇室支系，包括皇帝的叔父、兄弟以及除皇太子以外的儿子等都被封为王，一旦成年就应当离开京师到自己的封地生活，谓之"就藩"。藩王有极其富丽的王府和充足的生活费用，但不得干预地方政事，而且非经皇帝同意不得离开自己的封地，回京朝觐也有严格的规定。这种类似放逐和圈禁的制度，目的在于避免皇室受到支系的牵制和干涉。《明嘉靖南阳府志校注》卷一记载，明太祖朱元璋于明洪武二十四年（1391 年）将其第二十二子①朱桱封为唐王，明永乐六年（1408 年）唐王就藩河南南阳，之后总共有十余位唐王。目前比较流行的说法是，明嘉靖四十二年（1563 年），朱桱后裔唐顺王朱宙栐西去淅川香严寺进香拜佛，一路车马难行，便在沿途修筑石桥。其中在邓州境内建桥四座，即邓州穰东镇九龙桥、白牛乡阜民桥、文渠乡得子桥、九龙乡普济桥，这四座桥现在被统称为唐王桥。

目前可查到的最早的关于此四桥的记载见于明嘉靖四十三年（1564 年）的《嘉靖邓州志》卷九："普济桥，州西四十里半剖店，唐府建有碑记。"此外还有另两座桥的记载，推测也和传说的四座桥有关，一是"白牛桥，州东北三十里，唐府修有碑记"，二是"九龙鉴峯桥，州东七十里淇河上"。白牛桥为唐王府所修，九龙鉴峯桥在淇河之上，传说四座桥中的九龙桥也在淇河之上。

清乾隆二十年（1755 年）的《邓州志》里的记载更多。其卷四记载，"阜民石桥在白牛铺西，明唐藩王建""得子河石桥，明唐藩建""普济石桥，嘉靖三十八年唐藩创建""得子河在州西四十里，自内乡县至州境茶店入刁河。相传唐王修，桥成得子，故名"。在《明嘉靖南阳府志校注》中，也可见到依"邓州志"②撰写的一些内容[关于阜民桥和得子（河）桥]，基本和清乾隆《邓州志》的记载相同，但是细节更多一些，如"（得子）河上有石桥，桥北有庙，明唐敬王妃邓州丁氏祷此庙，得孙后为唐端王，因建桥庙，端王有碑"。

从上述三志书可以看出，最早有记载的是唐王府修建的普济桥，清代方志还记载了唐王府修建的得子桥和阜民桥。目前有学者对藩王进香路线作出了推测（图 2.13）。

九龙桥是进香路线上的第一座桥，在今邓州市穰东镇，宽 5 米左右，长 10 余米，

① 朱桱的圹志里记载其为朱元璋第二十二子，其他史料如《明史》《罪惟录》记载唐定王朱桱为太祖第二十三子。关于这个问题，任义玲进行了详细的考证，见任义玲.明代南阳藩王唐王朱桱圹志及相关问题[J].文博，2007(5)：25-28。

② 1984 年翻印的《明嘉靖南阳府志校注》，主要由原志书和数位方志学家如张嘉谋先生等对原志书进行的校注组成，他们可以参考的邓州志有很多，此处不能确定为哪一本。

图 2.13　学者推测的藩王进香路线图①

高 5 米左右,为单孔实肩拱桥,据传因桥身镶有 9 个龙头,故名九龙桥。目前的九龙桥虽为邓州市重点文物保护单位,但年久失修,桥身多处开裂,栏杆望柱等构件多处破损,桥身探出的龙头构件多数端部受损,保存完好的不多(图 2.14、图 2.15)。目前穰东清真寺存有一座石碑,碑面已磨损,只能辨认出"重修""大清道光七年"以及中间"九龙桥碑记"五个大字(图 2.16)。

图 2.14　九龙桥(王榆彬、贾兵提供)

---

①　图来自 https://www.sohu.com/a/393597335_217419,访问日期 2024 年 11 月 9 日。

图 2.15 九龙桥上的龙头（王榆彬、贾兵提供）   **图 2.16 九龙桥石碑（王榆彬、贾兵提供）**

　　阜民桥（图 2.17）为进香路线上的第二座桥，在今邓州市白牛镇，为三孔拱形石桥，长 50 米左右，宽 8 米，高约 10 米，桥中孔宽 7 米，两头孔宽 6 米，过去桥下可行船。几百年过去，由大青条石砌就的约 2 米高的保护桥墩的分流柱仍保存较好。桥底拱面由宽窄、大小不同的青石条堆砌而成。桥身北侧大拱的顶端正中位置镶嵌有一龙头，已被破坏；桥身南侧有一遭损毁的翘起的龙尾。如今也称此桥为"一龙桥"。1991 年出版的《河南省邓州市地名志》记载此桥为明唐敬王朱宇温所修。[①]

　　得子桥（图 2.18）在四座桥中规模最小，但名气最大，是进香路线上的第三座石桥。方志记载，唐敬王的王妃邓州丁氏在此祈祷，之后唐顺王顺利得子，于是修建此桥，那条河也被命名为得子河。明代方志中也称其为隔子河。得子桥位于今邓州市文渠镇，东西长 15 米，南北宽 6 米，高约 5 米，横跨在得子河上，为单孔拱桥。桥头有一座不大的道观，人称龙王殿，修建年代不详，桥北还有一颗乌柏（图 2.19）。清代诗人彭而述在诗作《得子桥十方院》中写道："我闻此寺肇唐藩，朱邸金碧纷相错。忆昔南阳全盛时，平沙特地起楼阁。"从此诗来看，得子桥旁边曾经有一座寺庙，叫作十方院。

---

　　① 邓州市地名办公室.河南省邓州市地名志[M].西安:陕西人民出版社,1991:457.

图 2.17 阜民桥(王榆彬、贾兵提供)

图 2.18 得子桥(王榆彬、贾兵提供)

图 2.19　得子桥旁的乌桕树和龙王殿（王榆彬、贾兵提供）

普济桥（图 2.20），清乾隆《邓州志》明确记载为明嘉靖三十八年（1559 年）建，是进香路线上的最后一座桥。位于今南阳市浙川县九重镇的刁河上，长 33 米，宽 12 米，高 3 米，共九孔，由青石砌成。另有志书记载此桥为明万历之后所建。①

确有方志记载藩王修建邓州石桥，但关于前往香严寺进香，目前并没有明确的史料可佐证。一些关于邓州石桥的文章提到唐王前往香严寺进香、修建四座石桥等历史故事，但存在很多疑点，比如四座桥是否为一次进香所修，为何明方志只记载其中一座而清方志记载其中三座等。

在香严寺中，能够证明其和大明唐王府存在关联的证据有三处。一处是前述现存的石牌坊，上面刻着"大明唐府重建"字样。其余两处都来自塔林里的佛塔：一是东塔林明代宝山才公的墓塔，塔铭背面刻有"大明唐府重赐金字牌坊"，指的应该就是现存的石牌坊，此塔铭为明嘉靖二十二年（1543 年）所刻；二是西塔林的一峯长老的墓塔，塔正面依稀可见"大明唐府重建"的字样，其余信息多有残毁，不易辨认，立塔的时

----

① 民间传说，明万历元年（1573 年），神宗封其弟为唐王居南阳，唐王之女嫁与浙川县李官桥人李贤（神宗时吏部尚书）之子李俊。唐王为往返亲家方便，倡修此桥，命下官郑德监修，取名"唐王桥"，建桥石碑原在桥西端，中华人民共和国成立后运至泉店铺路，今已被丹江水库淹没。引自南阳地区交通志编纂委员会.南阳地区交通志[M].郑州：河南人民出版社，1995:52。

图 2.20　普济桥(王榆彬、贾兵提供)

间为明嘉靖二十一年(1542 年)。由此可见,明嘉靖年间的香严寺,应该和大明唐王府有一定的关系。希望未来随着研究的深入,能够拨开层层迷雾,窥见历史的真相。无论藩王进香修桥是否属实,石桥的修建都造福了百姓,也改善了南阳至香严寺的路况,值得被纪念。

(五)清:临济宗重要门庭

清康熙十四年(1675 年)所刻的《香严寺宕山远行禅师塔铭碑记》记载,清代香严寺第一任住持宕山禅师得法于天童林野和尚,于清顺治十四年(1657 年)卓锡①领众修道于香严寺,矢志复兴香严寺。天童林野和尚为临济宗的重要传人②,颛愚禅师的塔铭中有这样的描述:"而临济门风号曰檗③立,三十传乃有天童,以中兴其道。"可见天童林野和尚在临济宗发展史上的重要地位。宕山得法于天童,也属于临济正宗。之后清代的香严寺住持中,出现了将近十位临济正宗传人,如颛愚禅师、照熙禅师、华

---

①　锡,锡杖,僧人外出所用。卓锡即立锡杖于某处之意。

②　有说三十五世,有说三十一世。

③　黄檗希运禅师。

禅禅师、道乘禅师等。

仔细考察从宕山禅师到后面数位临济正宗禅师的碑铭或者塔铭会发现,宕山的塔铭对于法脉传承的描述比较简单,"自迦叶尊者始至宕山禅师传有六十八代",结尾强调了"曹溪正脉"等申明自己的身份,这种法脉传承的正统性在之后的碑记中逐渐被强化。颛愚禅师的塔铭记述了禅宗法脉传承的重要节点和人物,从佛教肇起到初祖达摩,从六祖到南岳、青原,再到"五叶"之一的临济宗,从天童到风穴喜公,再到其法孙宝林,而颛愚就是宝林的弟子。之后的碑记中,署名开始出现"传临济正宗"或类似的字眼,如清乾隆十三年(1748年)的《重修永清庵碑记》中的"本山住持传临济正宗第三十七世照熙率两寺大众同立石",清道光七年(1827年)的《香严寺华禅和尚塔碑》中的"传临济正宗第四十一世华禅了荣禅师塔碑之记"、《香严寺道乘和尚塔碑》中的"传临济正宗第四十二世道乘本德禅师塔碑记"以及清光绪十三年(1887年)的"临济正脉满月晓禅师之塔碣"(图2.21)等。

图2.21　清光绪十三年(1887年)刻满月晓禅师之塔碣

宕山禅师开启了清代香严寺一次大规模的复兴,之后由颛愚禅师接续实现了香严寺的再兴。这个再兴不仅指香严寺建筑面积、寺僧人口和香客数量的增长,也包含着香严寺所传法脉正统地位的复兴。香严寺本是慧忠国师道场,又是唐朝皇帝敕建,自然是禅宗南宗发源和发展的重要门庭,所以其法脉的再兴也是一项重要的使命。经过两百多年的发展,香严寺成了临济宗的重要门庭。

一般认为临济宗的祖庭在河北正定的临济寺,其标志为临济义玄(?—867年)北上正定临济院开坛弘法。临济义玄的师父是黄檗希运,他们二人和后来的风穴延沼(896—973年)、石霜楚圆(986—1039年)一起开创了中国禅宗的临济宗派。[①] 其实从法脉的沿袭上来讲,智闲禅师虽是沩仰宗发展初期的重要人物,但他和黄檗希运本就都是百丈怀海的弟子,都出自马祖道一的洪州禅,沩仰宗和临济宗作为洪州禅的细分宗派,本身有很多相似之处。所以清代香严寺能够成为临济宗重要门庭,其实在智闲禅师弘法时就埋下了种子。遗憾的是沩仰宗传了一百多年便消失了,而临济宗一直传到现在。智闲从唐元和九年(814年)开始在香严寺弘法,比临济义玄在正定弘法的时间要早几十年。黄檗希运的黄檗寺(灵鹫寺)[②]在南方,而临济义玄的临济院在北方,香严寺正好在接近中间位置的河南南阳,在当时起着连接南北的作用。

香严寺本就是临济宗的重要源头之一,早在唐代就被慧忠、智闲等人种下了法脉,到清代这根法脉逐渐发展起来,香严寺也成为临济宗的重要门庭。今天为什么会有日本临济宗僧团来香严寺寻根问祖也就不难解释了。

---

① 党蓉.禅宗各宗派及其重要寺庙布局发展演变初探[D].北京:北京工业大学,2015.
② 清道光四年《新昌县志》卷六云:"黄檗寺,在四十都,唐名灵鹫,断际禅师希运道场也。有僧自西土来,谓山与彼国鹫岭无异,故名。临济宗风遍于海内,实于兹山得法云。"宜丰曾名新昌。断际禅师即黄檗希运

第三章　多维阐释

——香严寺的景观文化

一、"香严八景"：亦真亦幻的精英叙事

一直流传有香严寺"八景"之说，"香严八景"也出现于香严寺周边百姓的介绍中，在方志中也能见到"淅川八景"中以香严寺为主题的某景，如"香严帘洞"。"八景"文化是中国传统文化的重要组成部分，是城市、建筑及周边环境景观的一种组景阐释。"八景"起源于道教文化，之后发展为文人士大夫进行诗画创作的重要题材。最开始它只限于全国闻名的名胜古迹，如潇湘八景，之后也适用于地方古迹和山水景观，相应地出现了大量的诗画及其他类型的文艺作品，不同的地方也都会积极组建自己的"八景"，而这些也被记载于地方志中。①

目前可见最早的有关"香严八景"的记载是清康熙年间香严寺住持宕山禅师所作的《题本寺八景偈》，这是由八首七言绝句组成的组诗，八首诗分别是《无根二柏》《水帘垂洞》《珍珠涌泉》《无缝宝塔》《璇台绝顶》《瀑布飞泉》《大峪洞天》《丹江环绕》，可见于清康熙十年(1671 年)的碑刻《香严宕山大和尚题本寺八景偈》。在此之前，已经有不少描写香严寺人文和自然景观的诗作，也都提到了宕山所作"八景偈"中的某一个或几个景观，如水帘洞、无缝塔、璇台顶等，但最早将其概括为"八景"的，应是宕山禅师。

(一)"无根二柏"：精英与大众的双重叙事

宕山禅师所作"八景偈"中的《无根二柏》全文如下：

巨石烂斑若画屏，双枝透出色长青。

---

① 李东遥.地以高贤胜,图将美迹传——图像中的中国传统古迹观念及其近现代重要演变[D].天津:天津大学,2024.

甘棠曾比霜姿美，松子向来采实馨。

　　此诗描写的是香严寺东南的山腰有一处平坦之地，地上有几方青石，石上原有两棵高约十米的古柏。柏树现仅存一棵，枝叶繁茂，苍老的根系盘绕在青石表面，似乎并没有扎进土地。根据周边百姓的指引，可以比较容易地找到此处景观，其离香严寺非常近，仅步行5分钟的距离，就在村民的自建房旁边，如果无人提示，很难看出这就是著名的"香严八景"之"无根二柏"。

　　香严寺周边民众可能对"无根二柏"并不是太熟悉，但经此演绎而来的"一柏一石一座庙"的传说却是老少皆知。"一柏一石一座庙"和"无根二柏"描写的是同一处景观，但是在青石和古柏的基础上加了一座小庙，目前这座小庙掩映在青石和古柏之间，相传是由鲁班所修。"一柏一石一座庙"讲述的是鲁班跟随师傅学艺，二人云游至香严寺所在的白崖山，见青石、古柏甚是奇特，于是师傅出题考验鲁班，鲁班用"一柏一石一座庙"完成了师傅要求的三日内建成110座庙的任务，体现了鲁班聪慧过人。鲁班为战国时期的人物，香严寺始建于唐代，这个民间传说显然经不起考证。从这个传说本身与宕山及其他知识分子所凝练的八景之异同，可以明显地看出精英叙事和大众叙事的差异（图3.1、图3.2）。

图3.1　远观之"无根二柏"

图 3.2　近观之"无根二柏"("一柏一石一座庙")

(二)"珍珠涌泉":风光不再

宕山禅师所作"八景偈"中的《珍珠涌泉》全文如下:

佳山一滴发高源,万斛成珠日涌翻。

鉴物分明泉外水,澄清恍若与天连。

此诗描写的是香严寺西南的山崖下有一处山泉,泉水如串珠般涌出,日夜不息,晶莹剔透,映照的景物仿佛和天空连在一起。[①] 在宕山之后的香严寺住持如刃文、宝林、颛愚等禅师的诗偈和清代诗人周华林的诗文中,甚至是一些当代人所作的楹联中,"珍珠涌泉"都是很常见的主题,但其现状令人担忧。根据周边村民的指引,在通往虎山虎踞阁的山间小路边,可发现一口几乎快被植物淹没的井(图 3.3),虽不是枯井,但井里的水不甚清澈。此井虽然距离香严寺也很近,但比较隐蔽,而且如无人提示,很难辨认出这就是曾经的"珍珠涌泉"。据村民介绍,十年前此井还有泉水涌出,

---

① 《嘉靖邓州志》中有相关记载,"其西峰下有三石窍,泉涌其中,名曰龙女泉,世传元时有龙女儿"。龙女泉是否就是珍珠泉,目前还无法判断。

不知何时变成此番荒凉的景象,让人不禁扼腕叹息。

图 3.3 "珍珠涌泉"

(三)"大峪洞天":人文与自然的交融

宕山禅师所作"八景偈"中的《大峪洞天》全文如下:

平原击目草芊芊,谁解从来物不迁。

江海桑田随处变,大峪别是一湖天。

此诗描写的是游者穿梭于山间石洞中,由空间大小和路线变化等获得的景观体验。从开阔到狭窄,通过狭长步道(图 3.4),从仅容一人通过的洞口出来后是观景平台,气象万千的云山雾海映入眼帘,从洞口(图 3.5)向外望,看到的是"一湖天"。这种"初极狭"之后豁然开朗的体验,让人萌生虽然历经沧海桑田、世事变迁,但风景依然幽胜、胸襟依然豁达的情感。"大峪洞天"就是今天坐禅谷景区①的"通天洞"。据传唐宣宗李忱在登基之前于香严寺出家,为了躲避追杀,曾从香严寺逃入坐禅谷,最后

① 坐禅谷位于香严寺东北方 1 千米处,据说因慧忠国师等高僧曾在此坐禅而得名。

图 3.4　通天洞内部狭长步道(迟鸿津提供)

图 3.5　通天洞的洞口(迟鸿津提供)

从通天洞逃生。登基后他常常感慨："此洞乃通天洞也。"[1]其真假已经无从考证,但为香严寺和坐禅谷增添了一抹神秘色彩。如今,通天洞是坐禅谷比较热门的景点之一,其因山高路陡、变幻万千的景象和一路"通天"、青云直上的美好寓意受到众多游客的青睐,是人文与自然景观融合的典范。

(四)"无缝宝塔":建筑与禅

宕山禅师所作"八景偈"中的《无缝宝塔》全文如下:

代宗无缝问南阳,不语分明莫覆藏。

谩道耽源有注脚,丛林千古错商量。

"无缝宝塔"和"珍珠涌泉"一样,也是香严寺高僧所作诗偈和文人墨客诗文的常见主题,且"无缝宝塔"更加神秘,因为似乎没有人见过它的真实面貌。《景德传灯录》卷五和《五灯会元》卷二记载,唐代宗询问慧忠国师,圆寂后世人以何纪念,慧忠国师说自己死后可以建一座"无缝塔",代宗询问塔的式样,国师说等他死后可以问其弟子应真禅师,即诗中所提的"耽源"。慧忠国师死后,归葬于白崖山党子谷香严长寿寺,其弟子为其建塔。代宗下诏询问应真禅师无缝塔的式样,应真以诗偈作答:

湘之南,潭之北,中有黄金充一国。

无影树下合同船,琉璃殿上无知识。

从慧忠国师的回答和应真禅师的诗偈可以看出,无缝塔其实是高僧心中关于禅宗思想的一种表达,他们的对话也是一种禅语机锋,无缝塔本就没有一个既定的式样。无缝塔后来演变为今天建筑学界所称的卵塔(也称蛋塔)(图3.6),今有一定数量的实物留存。[2]

(五)"香严八景"之其他四景

《水帘垂洞》全诗如下:

寒岩滴沥素帘垂,洞口无云似雪飞。

热眼来看冰彻骨,游人旁礴竟忘归。

此诗描写的是香严寺外有一山洞,洞口垂下水帘,犹如一幕飞雪,即使是酷暑时节也会感到寒冷彻骨。《嘉靖邓州志》里也有相关记载:"其山(白崖山)北有水帘洞,自山飞下,洞口如垂帘。"此方志中记载有"淅川八景",其中有一景便是"香严帘洞",方志对此词条的注解引用的是明代诗人李衮的诗《香严帘洞》。水帘洞在今南阳市淅川县塔院沟村,距香严寺约5千米。

---

① 来自坐禅谷景区对通天洞的介绍。

② 张十庆.关于卵塔、无缝塔及普同塔[J].中国建筑史论汇刊,2016(1):121-133.

图 3.6　卵塔实例：宋可齐禅师之塔

《璇台绝顶》的全诗如下：

> 仰止璇台万仞峰，岩间曲径透禅宫。
>
> 凭栏一目清光远，登者留题在此中。

此诗描写的是香严寺西边有一禅寺屹立于逼仄欲坠的山顶（即璇台顶），登寺观景，气象非凡。璇台寺和香严寺在历史上还存在一些渊源，根据碑记所载，明嘉靖年间，两寺由同一方丈住持。距香严寺 10 余千米的塔园沟，现存明嘉靖年间璇台寺住持天然禅师塔一座，塔碑铭刻着"敕赐香严禅寺璇台寺住持天然佑公"字样，可见二寺的关系甚密。[①]

《瀑布飞泉》的全诗如下：

> 万壑长溪云自开，碧涛一片布将来。
>
> 险岩窄处难回互，声入江湖吼似雷。

此诗描写的是香严寺外的一处瀑布景观，水流倾泻而下，声音如雷。坐禅谷里最大的瀑布叫"白布朝阳"，水流从几十米高的山崖顶飞流而下（图 3.7）。坐禅谷的相关

---

① 陶善耕,明新胜.中州古刹香严寺[M].北京:中国致公出版社,2001:26.

介绍中提及的"白布朝阳"就是"瀑布飞泉"①,此景也是香严高僧和文人墨客作品中的常见主题②。

《丹江环绕》的全诗如下:

　　　　　深源一派自西来,环绕千山若镜开。

　　　　　荡漾直归襄汉去,招提锁钥壮崔嵬。

此诗描绘的是丹江绕群山的景象,水是"深源""荡漾",山是"锁钥""崔嵬",非常壮观。对香严寺周围的山水胜景的描绘,侧面显示了香严寺优越的地理位置。

图 3.7　坐禅谷之"白布朝阳"(迟鸿津提供)

---

① 见淅川县人民政府门户网站介绍,https://www.xichuan.gov.cn/xq/fjms/content_11800,访问日期为 2024 年 5 月 30 日。

② 陶善耕,明新胜. 中州古刹香严寺[M].北京:中国致公出版社,2001:24.

（六）"八景"之于香严寺：跨越空间的记录和阐释

宕山禅师所作的《题本寺八景偈》，提及的景观基本在香严寺的建筑本体之外，离香严寺最近的可能就是慧忠国师的无缝塔了，无缝塔算是香严寺的附属建筑。由此看来，其实所谓的"香严八景"并不是单纯由香严寺建筑所组成的景观，而是香严寺所在的地理区域里比较有名或者有特色的自然与人文景观，同时也关联着一些历史典故或民间传说。

宕山禅师之后的组诗，包括清刁文禅师所作的《四泉偈五言五首》、清颙愚禅师所作的《春感五咏》和《胜景小题》，多少都承用了宕山所构建的八景格局，同时还进行了一些扩充。如《胜景小题》在之前"八景"的基础上加入了"白崖拥翠"和"清风拂岭"。正如《四泉偈五言五首》在"瀑布飞泉"和"珍珠涌泉"之上加入活眼泉、卓锡泉，构成了主题为泉的组诗。还有一些诗涉及单独的景观，如显通坊和慧忠像。另有一处景观"双石洞"，虽然没有出现在上述诗人的诗作中，但也是一些香严寺有关诗作的主题，最早的可见明代诗人李荫的《双石洞》：

> 深山花事已无多，洞口阴森绕绿莎。
>
> 客至不须询世代，石门铁笔纪宣和。

《香严寺碑志辑录》卷一记载，双石洞门口石柱上刻有题记：卑云愚叟宣和之初创修此庵。题记和李荫诗作的最后一句吻合。双石洞（图3.8，图3.9）在香严寺北约1千米处，原本为两个相邻的石洞，洞里的造像在"文化大革命"期间被毁。洞门略低于人，需躬身入室。洞内清凉湿润，石室三面有人工凿刻的石台，两个石洞中的石台形制略有差异。按照题记和李诗推断，此洞已有近千年的历史。

无论是"香严八景"，还是没有被列入"八景"的白崖拥翠、清风拂岭、卓锡泉和双石洞等，虽然有一些离香严寺比较远，似乎与香严寺的关联不大，或者真实性存疑，但都是香严寺遗产话语体系之中的景观，在时间长河的洗礼中积淀成了香严寺历史信息的一部分，构成了香严寺丰富的历史面相，对于今天的我们来讲，是弥足珍贵的。值得我们思考的是古人对文物古迹的记录和阐释在当时具有的意义。当然，这里不是说对香严寺的记录和阐释是一个特例。① 用诗偈和传说等形式，将建筑和环境记录下来，在交通并不发达、娱乐稍显匮乏的古代，对扩大香严寺的知名度和影响力起到了重要的作用，而且在一定程度上弥补了很多人希望亲至香严寺，但是限于各种条件不能实现的遗憾。

---

① 古人对古迹的记录和阐释可以参见学术界已有的一些研究成果，包括庄岳等人所著的《中国园林创作的解释学传统》、天津大学吴葱教授团队的研究成果、西安建筑科技大学王树声教授团队的研究成果等。

图 3.8 双石洞外景(迟鸿津提供)

图 3.9 双石洞内景(迟鸿津提供)

二、禅宗与塔:慧忠"首创"无缝塔

根据张十庆先生的考证,历史文献中的无缝塔之称,源自香严寺的开山住持慧忠国师。《五灯会元》卷二记载唐代宗与南阳慧忠国师的对话:"师灭度后,弟子将何所记? 师曰:告檀越造取一所无缝塔。"当时代宗也对无缝塔的式样很好奇,但是慧忠并没有直说何为无缝塔。之后的佛教文献中也能见到关于无缝塔形式的讨论,但并没有明确的答案,都是一些充满禅机的理念,基本可以理解为无缝塔是"本心圆满"的象征:"向无缝塔中安身立命,于无根树下啸月吟风。"①

后来禅僧们根据自己的理解,搭建无缝无棱的卵塔,使无缝塔具象化,具体来说就是以一浑圆整石为主体,区别于木石建造、有棱有缝的佛塔。其实慧忠国师所言的无缝塔,应是一种境界,本就无须营造。两宋时期,卵塔之称已甚为普遍,并完全成为无缝塔的代称,无缝塔由此而定型。②

塔是一个外来语,来自梵语 stūpa,音译为"窣堵坡"。③《法苑珠林》载,立塔一般有如下目的:"一、表人胜,二、令他信,三、为报恩。若是凡夫比丘有德望者,亦得起塔。余者不舍。"④也就是说,为了旌表人胜、吸引信众和报答恩德,应该在深孚众望的高僧圆寂后为他立塔旌表。慧忠国师提议建造的无缝塔,本是一种禅机的表达和境界的宣扬(本心圆满),我们可以将其归到《法苑珠林》所讲的,建塔是为了纪念和表彰其德行和声望。至于塔本身的形式或者是如何建造,提出者慧忠本人可能并没有思考,其弟子耽源作为塔的建造者,可能最初心里也没谱,毕竟这在历史上应是慧忠国师"首创"。

综上,在建筑和禅宗思想的结合中,无缝塔即卵塔应运而生,并自此成为禅宗丛林独特的墓塔形式,并从禅宗传至他宗,从佛教传至民间。目前可见的最早的卵塔应是黄檗山所存唐代运祖塔(图 3.10)。⑤香严寺的东西塔林中,西塔林中的卵塔比较多(图 3.11),平均年代也比较早,东塔林中的卵塔以海印大师塔和宕山禅师塔(图 3.12)为代表。

① 《五灯会元》卷六。
② 张十庆.关于卵塔、无缝塔及普同塔[J].中国建筑史论汇刊,2016(1):121-133.
③ 王贵祥.唐宋古建筑辞解——以宋《营造法式》为浅案[M].北京:清华大学出版社,2023:48.
④ 释道世撰《法苑珠林》敬塔篇第三十五(此有六部)兴造部第三。
⑤ 张十庆.关于卵塔、无缝塔及普同塔[J].中国建筑史论汇刊,2016(1):121-133.

图 3.10　具备卵塔雏形的唐代运祖塔

图 3.11　香严寺西塔林(迟鸿津提供)

图 3.12 香严寺东塔林之宕山禅师塔

三、其他景观:底层民众的朴素愿景

其实"香严八景"中的大多数景观和香严寺的地理关联度并不是很高,更多的是人文关联。香严寺还有很多值得一探的特色景观,比如寺里的"奇树"。

香严寺最后一进院落里有一棵紫薇树,目前和一棵侧柏同在一个树池中,其树龄在 400 年以上,被人们称为"明辨是非树",俗称"痒痒树"(图 3.13)。据传此树为明代仁山毅禅师亲植,善良的人轻挠树干,树枝会颤动,邪恶的人挠它,则没有反应。在今天,来香严寺参观的游客在导游的介绍下,通常都会伸手一试。"痒痒树"成了香严寺一道独特的风景线。

紧临香严寺侧门还有一棵雄性皂角树,被称为"灵性觉悟树",也称"政治信息树"(图 3.14)。依照生物学知识,雄性皂角树并不结果,但传说每当有重大事情发生,它都会结出皂角。

香严寺东北护塔小院旁边,还有两棵"奇树"。两棵树紧紧缠绕,融为一体。主干

图 3.13 香严寺"痒痒树"

图 3.14 香严寺侧门的雄性皂角树

是橡树,高大笔直,直冲云霄,恰似神武的将军,另一棵为女贞①。女贞树四季常青,树藤纤细、皮质柔软,紧紧地缠绕着橡树,藤上有一层层细的小毛根,扎在大树颈内,吸收着大树的营养。它们同生同长,人们便风趣地称其为"美女抱将军"②(图 3.15)。遗憾的是,今天已经不能见到如此奇观,因为这棵缠绕主干大树的女贞树已经死亡,只剩下干枯的藤蔓(图 3.16)。

图 3.15　昔日的"美女抱将军"

香严寺还有一处奇观,名叫"灵气宝地"。此"宝地"有十平方米,又称"消灾宝地"。传说无论怎样挖这块地,隔一段时间它都会自动升平,且略高于周围地面,现在此"宝地"在香严寺藏经阁一层室内的西侧。传说唐宣宗在香严寺出家时,有一天深夜听到"盗寇劫驾"的呼叫声,于是慌忙出逃。由于慌不择路,他掉进一个深谷里。盗寇闻声追来,见这里浓雾弥漫,却不见宣宗。众僧击退盗寇后,才发现宣宗坠入谷底,正想办法施救时,"宝地"托着宣宗徐徐升起。随后宣宗便封此为"灵气宝地"。

---

① 　也有一说为榕藤。

② 　见浙川县人民政府门户网,https://www.xichuan.gov.cn/xq/fjms/content_11804,访问日期为 2024 年 5 月 13 日。

图 3.16　今天的"美女抱将军"

　　除去上述景观,香严寺还有"一柏担八榆""夫妻银杏树""树禅师"等景观。"一柏担八榆"是指一棵柏树上担有八棵榆树,今天仍可寻到"一柏担八榆"的旧址,离香严寺不远,只是八棵榆树已经不见,只剩一棵古柏和一座小庙,还有一残碑(图 3.17)。残碑的内容显示此处原为土地庙,与香严寺存在渊源。"夫妻银杏树"是指香严寺建筑群入口处的雄性银杏树(图 3.18)和入口广场东南角的雌性银杏树。雄性银杏树相传为慧忠国师亲手栽植,经常以满树金黄的形象作为标志景物出现在香严寺的宣传图片中。两棵树的树龄应该都在 1000 年以上,是否为慧忠国师亲手栽植无法考证,民间关于这两棵树和十位王子及十位王妃的传说却言犹在耳,表达了人们对美好爱情的向往。① 而"树禅师"实际为一古侧柏,在香严寺的第一进院落中,树龄在 1000

---

　　① 传说当年唐代宗派十个王子送慧忠归葬香严长寿寺。十个王子贪念美景,都不愿意回朝复旨,留下了"豫州名胜在淅川,淅川风光属香严,唐朝十王九不回,不爱王位爱此山"的佳话。十位王妃最终抑制不住对丈夫的思念,千里寻夫,来到香严长寿寺。王子们以"佛门重地,不得女眷入住"的理由,把王妃隔离在高墙之外。久而久之,十王子看着日见憔悴的娘子,实在难以割舍夫妻之情,毅然走出佛门,二人走上了回京之路。不幸的是,他们走到小仓房"二龙戏珠宝地"时,心力交瘁,精疲力竭,双双殒命,当地人就在此建了回龙庙敬奉二人。

年以上。传说被誉为"北宋第一诗僧"的如璧禅师在此树下观啄木鸟啄虫，八日悟道，故称"树禅师"，还有一首诗偈流传。①

图 3.17 "一柏担八榆"

与这些景观有关的传说至今仍被人津津乐道。这些景观和传说承载了香严寺周边民众的朴素愿景，比如对于人性的分辨及褒贬、对于美好爱情的渴慕和传颂、对于国家大事的关注以及对于福祉的希冀等。这是社会底层民众与香严寺的精神互动，区别于前述的"香严八景"。周边民众可能大多不善诗词歌赋，更不是佛门中人，但他们世代生活在香严寺周边，和香严寺有着深厚的感情联结，他们用这些朴素、原始的方式勾画出的香严寺图景，或许是香严寺最鲜活的历史面貌。

---

① 诗偈为《偈》：剥剥剥，里面有虫外面啄。多少茫茫瞌睡人，顶后一锥犹未觉。若不觉，更听山僧剥剥剥。

图 3.18　香严寺入口处的银杏树

第四章 梵筵宏规
——香严寺的建筑

一、南阳地区佛教和佛寺发展简史

（一）佛教的传入与佛寺的兴建

佛教传入南阳地区的时间不晚于东晋时期。据《明嘉靖南阳府志校注》卷十一所载，"弥陀寺在城东延曦门外，晋永昌三年创建"。东晋永昌本无三年，应为东晋太宁二年（324 年）。之后史料中零星可见南阳地区的一些寺庙，如 5 世纪，淅川境内修建龙巢寺；5 到 6 世纪，方城县出现了摩崖造像；[①]最迟在西魏时期，镇平县修建中兴寺。[②] 隋朝时期，佛教有了较大的发展，如出现了鄂城寺和建于隋大业十三年（617 年）的鄂城寺塔。目前鄂城寺建筑多为明清两代重建，其中的鄂城寺塔（图 4.1）虽然被百姓称为"隋塔"，但依其式样推断应该为宋代重建。

（二）唐代禅宗南宗的振兴

唐代，佛教受到皇室的大力扶持，发展进入鼎盛时期。武则天在争夺政权过程中，一直推崇佛教。她在统治期间，颁布"释教在道法之上制"诏令，规定"释教宜在道法之上，缁服处黄冠之前"，全国各地兴建了大量的佛教建筑，龙门石窟的卢舍那大佛便是代表。在此期间，佛教在南阳地区的传播与发展也是空前的，尤其在之后的唐肃

[①] 《南阳民族宗教志》编辑室 1989 年所编《南阳民族宗教志》第 212-213 页。

[②] 根据《明嘉靖南阳府志校注》第四册第 54 页所载推测，"中兴寺古曰灯禅寺在竹园保。案寺西魏时已曰中兴"。

图 4.1　鄂城寺塔（迟鸿津提供）

宗和唐代宗时期，南阳的佛教发展达到顶峰，出现了不少在全国范围内具有声望的名寺，也涌现了许多在佛教发展史上占有一定地位的高僧。

　　此时期南阳地区出现的名寺以香严寺、丹霞寺、龙兴寺和法海寺等为代表。前文述及香严寺算是沩仰宗的传播中心，而丹霞寺则是曹洞宗的传播中心之一。此外，香严寺有慧忠国师、智闲禅师等高僧，丹霞寺则有天然禅师声名远播，而神会大师曾在龙兴寺弘扬佛法，慧忠国师也曾驻锡龙兴寺（表 4.1）。这些高僧中，慧忠国师的事迹和修行无须多言，智闲禅师是沩仰宗发展初期的重要人物。神会大师在佛教发展史上的突出贡献前文也已简要提及，他在南阳龙兴寺弘法 25 年（720—745 年）[①]，并且与以神秀大师为领袖的北宗禅师辩法，为南宗成为后世禅宗的主流奠定了重要的基础。因而龙兴寺可以被视为南宗的重要祖庭，但留存的史料记载较少。

---

　　① 通然.神会的开法活动及其影响——以南阳龙兴寺时期和洛阳荷泽寺时期为中心[J].佛学研究，2019(2):234-249.

表 4.1　　　　　　　　　　　隋唐时期南阳地区名僧名寺

寺庙	创建年代	寺址	高僧	备注
法海寺	唐仪凤二年(677 年)	南阳市淅川县	西峰禅师	—
龙兴寺	唐开元年间①	南阳市	神会大师、慧忠国师	禅宗南宗弘法之重要阵地
香严寺	唐宝应元年至唐大历十年(762—775 年)	南阳市淅川县	慧忠国师、智闲禅师	智闲禅师是沩仰宗发展初期重要人物
丹霞寺	唐长庆四年(824 年)	南阳市南召县	天然禅师、洞山良价	洞山良价为曹洞宗之开创者

此时期还有一位高僧,即天然禅师(739—824 年)。天然是南宗第四代、禅宗第九代,曾师从南岳系和青原系的两位重要传人马祖道一和石头希迁,并和高僧伏牛禅师结为物外之交。天然禅师有著名的禅宗公案"丹霞烧佛手"②(图 4.2),苏轼的诗句"知是丹霞烧佛手"③所言即是此公案。天然禅师和百丈怀海一样,提倡对烦琐的戒律加以革新,主张简明的教义能令人顿悟。他对后来的禅宗"五家七宗"的影响很大,在中国佛教史上占有重要的地位,"丹霞烧佛手"便是其发扬"顿悟说"的典型事例。唐长庆四年(824 年),天然因"钟爱兹山之盛"④在今南阳市南召县丹霞山创修道之所,名为仙霞禅寺,后改名为丹霞寺。天然圆寂之后,丹霞寺的第一任住持是洞山良价禅师,在丹霞寺做住持十余年,后来开创了曹洞宗。之后,芙蓉道楷、丹霞子淳等曹洞宗高僧也做过丹霞寺住持。

法海寺的创建时间比其他几个寺庙都早一些,《岠客山法海禅寺碑记》记载,法海寺创建于唐高宗仪凤二年(677 年),由西峰禅师创立,关于法海寺和西峰禅师的史料记载较少。⑤

南阳地区还有两座佛教寺庙也很出名,其中一座就是经常被冠以千年古刹的美誉,并和香严寺、丹霞寺一同被列为唐代"三大丛林"的菩提寺(图 4.3)。菩提寺位于南阳市镇平县杏花山东麓,关于其始建年代,有说是唐高宗永徽二年(651 年),可见《南阳民族宗教志》和 1927 年的《菩提寺志》。但《嘉靖南阳府志》记载菩提寺建于元至正年间,这一记载与《菩提寺重修碑记》的记载是一致的。也有学者研究认为菩提

①　《南阳民族宗教志》编辑室 1989 年所编《南阳民族宗教志》第 214 页。

②　天大寒之时,丹霞禅师烧木佛取暖,旁人讥笑,丹霞回应:烧佛取舍利。旁人又讥:木佛何来舍利? 丹霞回复:既然这样,为何责备我?

③　出自宋苏轼的《送钱承制赴广西路分都监》:"知是丹霞烧佛手,先声应已慑群夷。"

④　《明正统重修留山仙霞禅寺记》,见南阳市南召县 2012 年编印的内部资料《丹霞寺》。

⑤　《南阳民族宗教志》编辑室 1989 年所编《南阳民族宗教志》第 235 页。

图 4.2　《丹霞烧佛图》

寺始建于宋代的可能性比较大。[①] 另一座是兴化寺,位于南阳市淅川县盛湾镇。《南阳民族宗教志》记载,兴化寺建于隋代,在唐代为临济宗二代大师兴化存奖(830—888年)弘法之地。另有传说玄奘大师曾在此弘法,由此更改寺名为"法相寺"。此寺也被认为是南阳地区的千年名寺。但《嘉靖南阳府志》《淅川县志》等记载,兴化寺建于元延祐年间(1314—1320年)。另有学者研究[②],兴化存奖禅师的确曾在兴化寺弘法,但却是在河北省邯郸市大名县的兴化寺。虽然他游历各地,但在南阳兴化寺弘法的证据不足,而且也找不到任何玄奘大师在南阳兴化寺弘法的有效证据。

---

①　王宏涛.南阳镇平菩提寺[J].寻根,2017(2):133-140.
②　车辙.临济义玄禅学思想研究[D].大连:大连理工大学,2020.

图 4.3 南阳镇平菩提寺山门和鼓楼(郝凯旋提供)

整体来看,佛教禅宗南宗(顿悟派)的振兴与南阳地区佛教的发展有密不可分的联系。南宗的振兴是南宗成为禅宗正宗这段历史中的重要一环,也是佛教发展史中的重要一环。

(三)宋代及之后的发展

唐代之后,南阳地区佛教不像唐朝时期那样在中国佛教发展史上占有如此重要的地位。宋元明清时期,佛教的发展主要受到统治阶级的政策和战争的影响。宋朝结束了之前的纷争局面,为佛教创造了休养生息的历史条件,佛教活动逐渐恢复生机,或是新建佛寺,或是修葺旧寺。元朝和明朝对佛教比较宽容,尤其是明朝对佛教推崇备至,所以明代南阳地区的佛教和佛寺发展比较兴盛,新建寺庙或超 60 座,旧寺也大都得到维修和扩建,如香严寺便实现了再兴。同时,明朝还调整了佛教管理制度,设置僧纲司、僧正司和僧会司等机构,分管府、州、县的僧人。清朝伊始对佛教管理比较严格,之后政策放宽,佛教有了一定的发展,像香严寺、菩提寺和丹霞寺这样的大寺,除去维修和扩建之外,组织机构和管理体系也愈加完备。香严寺在此时期出现了多位临济宗高僧。清乾隆四十九年(1784年)修建的云台禅寺也值得关注,它由端德禅师创建,位于南阳市桐柏县桐柏山主峰太白顶,为临济宗白云系的祖庭。虽然白云系创立时间不长,但是影响很大。[①]

民国时期,南阳地区佛教的发展受制于动荡的时局,处于比较混乱的状态,同时,各个佛寺采用各种手段扩充自己的势力,不仅有经济纷争,还卷入了政权争斗。

中华人民共和国成立之后,南阳地区的佛教发展逐步步入正轨,比较重要的古寺相继获得实际的保护和法定的文物身份。

二、香严寺选址与规模

香严寺始建于唐代,现存地面建筑多为明清时期遗存,是河南省著名的佛教寺院之一。该寺院东西长约70米,南北180米,由中轴线建筑与东侧跨院组成。整个建筑群处于白崖群山之中,坐北朝南,依山而建。有七层台地五进院落,现存房舍140余间,规模较大。

(一)寺院选址:钟声传经韵,松篁映浮屠

"层层殿阁,迭迭廊房,三山门外,巍巍万道彩云遮;五福堂前,艳艳千条红雾绕。两路松篁,一林桧柏。两路松篁,无年无纪自清幽;一林桧柏,有色有颜随傲丽。又见那钟鼓楼高,浮屠塔峻。安禅僧定性,啼树鸟音闲。寂寞无尘真寂寞,清虚有道果清虚。"(《西游记》第十六回)《西游记》中的这一段话,其实就是中国人对山林寺院空间图式的一种表达,用来描述香严寺也是非常贴切的。香严寺东侧和南侧幽篁丛生,西侧绿树掩映,东侧高耸的钟楼与幽篁中数座佛塔相互呼应,整体环境深邃清幽,正所谓"上刹祇园隐翠窝,招提胜景赛娑婆。果然净土人间少,天下名山僧占多"(《西游记》第十六回)。中国寺院就选址而言,大致分为城镇型寺院和山林型寺院两类。香严寺建于白崖山下党子谷的坡地上,既有高大的乔木,也有茂密的灌木,属于典型的山林型寺院,整座寺院被包围在巨大的山林之中。

从地形上来看,香严寺西侧山峰较高,东侧地势低洼,背山较为平远(图4.4)。选址上并不符合中国传统的风水格局,至少可以说,并不是传统意义上的"风水宝地"。但是在建筑经营中,常"趋全避缺,增高益下","发其所蕴",如"草木郁茂,遮其不足,不觉空缺,故生气自然。草木充塞,又自人为"[②]。所以在香严寺东侧低洼的地方是一

①　张倩.白云禅系研究[D].北京:中央民族大学,2017.
②　《青乌子先生葬经》,转引自王其亨.风水:中国古代建筑的环境观[J].美术大观,2015(11):97-100.

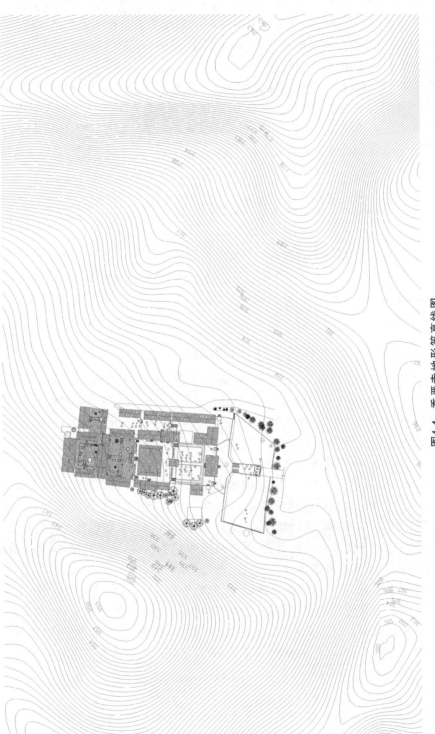

图4.4 香严寺地形等高线图

大片高大茂密的竹林,林中分布着几座较为高大的和尚墓塔,从对面山上看,并不觉得此处有地势上的缺陷,并且有"东为龙山,西为虎山。北依后岭,南拱面山。整个地形状若莲花,寺院恰在莲花中间"的说法。现存的历史资料中并没有关于寺院选址以及其是一处"风水宝地"的记载,所谓的"龙虎相抱,玉带缠腰"多见于20世纪80年代以后的相关学术论文及宣传资料。当地学者对山名及环境的描述也不尽相同,如崔秉华老师在论文中描述香严寺"背靠虎山,面对龙山,侧依龟山"[①]。关于香严寺钟楼的修建,现存碑刻提到建钟楼的目的是弥补东侧地形的缺陷。不论这是不是修建钟楼的初衷,至少可以看到在民间风水观念盛行的清代,寺院的建设者认为寺院在选址上存在不足。

　　佛教作为外来宗教,强调"世上本无穴,穴在我心中",其本身是不注重风水的。但随着佛教不断受到中国传统文化的影响,特别是明清时期受到风水观念的影响,在修建寺院时会选择环境较好的"风水宝地"。但是香严寺始建于唐代,禅宗先师们自称"传佛心印"、以"觉悟众生本有之佛性"为目的遁入山林、静心修佛、创立道场,主要目的是修心。他们相信"心中有佛佛自在,心中无佛毋须拜",所以早期佛寺的选址并未考虑风水因素。

　　学者李祥妹指出:"中国寺庙园林空间实质上是供奉偶像和进行宗教仪式活动的宗教空间和自然环境空间的有机组合,是理想景观模式的物化。为了满足宗教和隐居的双重需要,寺庙园林总是在庄严的基础上体现世俗的美。"[②]早期佛教寺院选址更青睐清静无为的修身之地,如关于天台山大智寺的选址,寺内碑记记载:"官路东去三十里,师拽杖如之。而溪山排闼,一峰孤秀赏。而面势宽广,远山矗立,绝喧尘、离溃闹,此可居矣!"[③]又如清代周赟《九华山志》记载:"师拽杖如之,而溪山阔,一峰孤秀,赏其面势宽广,远山矗立,绝喧尘、离馈闹",由此可见,"绝喧尘、离馈(溃)闹"是山林寺院建筑选址的基本要求。九华山僧人选择"山高径险,绕曲幽深,非特为祈福者所不到,即游山者亦莫之到"的地方建寺苦修,就是为了在幽静的环境中更好地修行。[④]香严寺在创建之初是一座禅宗寺院,禅宗更强调内心的平静和洞察,通过禅定、打坐和冥想来平静内心,获得内在的平和和宁静,这应该也是六祖慧能门下五大宗匠之一的慧忠禅师在此建寺的初衷。

　　赵光辉在《中国寺庙的园林环境》中将山林型寺院分为山峰、山坳和山脚三种类型。[⑤]香严寺属于山坳型寺院,处在高差相对较小的山间平地。这类寺院所在之地

① 陶善耕,明新胜.中州古刹香严寺[M].北京:中国致公出版社,2001:169.
② 李祥妹.中国人理想景观模式与寺庙园林环境[J].人文地理,2001(1):35-39.
③ 释传灯.天台山方外志(卷二十)[M].杭州:杭州富阳年宝斋古逸出版社,2007.
④ 殷永达.九华山寺庙建筑[M].北京:中国建筑工业出版社,2016:36.
⑤ 赵光辉.中国寺庙的园林环境[M].北京:北京旅游出版社,1987.

一般自然风光秀丽,环境幽静深邃,通过山林植物营造出幽远、静宜的意境,为修行者提供安静的修行氛围。其实早在唐宋时期,寺院就非常重视环境的塑造,在寺院的修建过程中会人为改造寺院的周边环境,这种现象在山林型寺院修建中尤为突出。香严寺的前导空间以及寺院东侧高大的古树修篁等,都不是自然形成的,而是历朝历代僧人苦心经营的结果。香客步入两侧竹林高耸的香道,会心生"清气令人精神爽,斋心自觉道心闲"的感慨。寺院大门前的两棵银杏树以及东侧便门的皂角树都有千年的树龄。这些树的开花与结果有时候会和重大历史事件在时间上相契合,被世人附会并赋予神秘的色彩,成为香客膜拜的对象,因此它们也是香严寺不可或缺的组成部分。

(二)空间尺度与建筑规模

中国古建筑的特点是院落单元在平面上展开,并组合形成纵向或者横向递进的院落。大多数居住建筑、宫殿建筑和宗教建筑,都呈现建筑群的形式。纵向排列的建筑群中单一的院落称为一"进",横向排列的院落则以院落本身的轴线为基准,称为"路"。香严寺从最外侧的牌坊开始,依次有山门(已拆除)、韦驮殿、接客亭、大雄宝殿、望月亭、法堂、藏经阁,共八座建筑,构成完整的主轴线建筑群。包含五个院落,分别是由牌坊、山门构成的前导院落空间,韦驮殿后的礼佛准备空间,由接客亭、大雄宝殿组成的祭拜空间,法堂前的弘法空间及最后一进的藏经阁院落。横向上除了中轴线建筑群以外,还有以静养殿为主的东路建筑群。

在漫长的历史实践过程中,中国古代的建筑空间设计通过调整建筑体量、建筑形体、建筑视距,使建筑与周边的植物和山石等自然景观相融合,在满足基本的功能需求以外,也兼顾心理和审美的需求,提供完善的视觉感受,其中也体现了儒家文化对礼制的追求。另外,建筑的主从布局、功能分区,也让建筑群呈现更加丰富多彩的艺术效果。

1. 香严寺建筑群的空间尺度

中国传统建筑往往是若干院落组合形成的建筑群,在修建之前就进行了缜密的设计。这个设计既要考虑伦理秩序的和谐、与自然的有机融合,还要考虑使用者或观赏者的心理感受。古有楚灵王修建章华台与大夫伍举谈论建筑的美,"夫美也者,上下、内外、小大、远近皆无害焉,故曰美。"(《国语·楚语》)那么,建筑群如何才能达到这样的审美要求?

古代匠人在进行单体建筑的施工之前,对建筑群都会有一个详细的规划。我们可以称这个规划图为地盘图。从《周礼·考工记》的"匠人营国"、中山王墓出土的战国时期的《兆域图》,到清代的"样式雷"图档,我们都能够看到运用经纬网络设计的方格网系统。傅熹年先生认为:"在对院落进行具体的布置时,(古人)采用以一定大小的方格网为基准的方法。院落中各建筑因主次地位不同,体量各异,不可能用同一个模数,在特定的地盘上选用适当的方格网,就可以使院落内各建筑及它们之间所形成的庭院空间有一个可以共同参考的尺寸标准。"[①]他以 3 丈、5 丈为建筑群的基本模数,将建筑群划分成若干方格,权衡建筑群的尺度及分布规律。对于香严寺建筑群,我们试图基于详细的测绘,并运用方格网的形式,探寻最初的设计者或创建者的设计思想以及所采用的技术手段。但是香严寺自唐代创建以来数次兴废,每一次重建采用的营造尺也都不同,这就对我们的工作造成了很大的困难和阻碍。但通过对数据的整理,我们也发现了香严寺空间布局中的一些规律。

香严寺面阔约 70 米,进深约 180 米,是一个庞大的建筑群。我们这次研究的重点是这一建筑群的平面布局、各建筑的位置和相互关系是如何确定的,其中有无规律可循。根据建筑的测绘数据,按照清代 1 尺约为 32 厘米的尺度对香严寺建筑群进行研究,发现无论是以 3 丈为模数,还是以 5 丈为模数,都和实际尺寸不相符合。考虑到该建筑曾经有数次大规模的重建,所以尝试套用不同历史时期的营造尺,但都没有找到合适的尺度规律。从中国传统建筑的建设流程来看,建筑群在施工之前一定会有详细的空间布局规划。为了施工方便,院落的整体规划都是以整数丈或者整数尺为基本模数,由此换一种思路对这组建筑群进行研究。在山坡上新建建筑,第一步就是平整土地。根据其纵向的院落关系,香严寺的建筑群被平整为七个相对完整的台地。为了施工方便,这些台地的尺度至少在纵向上应该是整数的丈尺。依据这个原则对香严寺的测绘数据进行进一步的梳理,发现其中确实存在一定规律。

自牌坊的中心线到第一层台地的边缘线,也就是山门(已拆除)的位置,测绘距离为 23 米;从第一层台地边缘线到韦驮殿,测绘距离为 15 米;从韦驮殿到第三层台地的边缘线,测绘距离为 39.9 米;从第三层台地边缘线到第四层台地的边缘线,测绘距离为 33.3 米;从第四层台地的边缘线到法堂,测绘距离是 26.3 米;从法堂到藏经阁前的台明(第六层台地),测绘距离是 26.6 米;从藏经阁台明到藏经阁后土坡的位置,测绘距离为 14.6 米。假设每一层台地都是整数尺或者整数丈,那么对上述数据进行计算,误差最小的取值应当是 1 丈等于 3.3 米。如表 4.2 所示,将测绘数据与计算数据进行比较,误差率都在 1‰左右。第七层台地是藏经阁后的土坡,土坡砌筑得并不规整,这就直接影响了测绘过程中的取值,所以存在较大的误差。

---

①　傅熹年.中国古代城市规划、建筑群布局及建筑设计方法研究[M].2 版.北京:中国建筑工业出版社,2015:23.

表4.2 香严寺地形与丈尺换算表

数据	第一层台地	第二层台地	第三层台地	第四层台地	第五层台地	第六层台地	第七层台地
测绘数据/毫米	23003	15009	39926	33300	26304	26609	14595
折合数据	7 丈	4.5 丈	12 丈	10 丈	8 丈	8 丈	4.5 丈
计算数据/毫米	23100	14850	39600	33000	26600	26600	14850
误差值	−97	159	326	300	−296	9	−255
误差率/%	0.4	1.1	0.8	0.9	1.1	0.03	1.7

根据推算,我们所选取的1丈等于3.3米的营造尺度是最接近原始尺度的,当然这也考虑了施工中可能存在的误差。但这个数据显然与明清时期较为流行的1丈等于3.2米的营造尺还是有较大的出入。其实在古代的营建活动中,营造尺并不是完全统一或一成不变的,在远离政治中心、经济中心的地区,地方营造尺的出入可能很大。李浈和刘军瑞对地方营造尺进行了研究,他们认为:"在经济发达的地区,如京津、苏南、浙中、潮州、福州、广州、闽南、粤北等地容易形成区域营造中心。这些中心有专门从事营造行业的匠帮,同时有砖瓦制造、木材买卖等配套制度和产业。建材交易和大量建设必定促进匠人交流协作,因此必然要求营造尺基准尺长稳定。与此相对的是在一些营造组织不发达的地方,甚至是'民匠合一'的比较落后的地区,由于各个匠师的技术水平不同,营造尺基准尺长波动就会比较大。"[1]他们调研了全国不同地域的180余例营造尺(乡尺),这里选取与香严寺较为接近地区的五例作为参考,见表4.3。

表4.3 香严寺周边地区地方营造尺统计表[2]

地区	序号	区位	尺长/厘米	资料来源
豫	1	漯河市	33.3	《尺原、尺理、尺法:中国传统营造用尺匠俗探析》(属淮尺)
	2	信阳市新县	34.2/34	《尺原、尺理、尺法:中国传统营造用尺匠俗探析》(属淮尺)
	3	驻马店市	33.9	《尺原、尺理、尺法:中国传统营造用尺匠俗探析》(属淮尺)

① 李浈,刘军瑞.近世的区域"营造尺"南北差异比较——"乡尺"的共时性特征解读[J].建筑史学刊,2023,4(1):18-30.

② 同上。

续表4.3

地区	序号	区位	尺长/厘米	资料来源
鄂	4	襄阳市	34.8	《尺原、尺理、尺法：中国传统营造用尺匠俗探析》
	5	襄阳宜城市	34.8	《尺原、尺理、尺法：中国传统营造用尺匠俗探析》

从表4.3可以看出，这些地区的营造尺的取值在33.3厘米至34.8厘米之间，显然要大于官式营造尺的32厘米。中山大学梁方仲教授的《中国历代户口、田地、田赋统计》一书，引用了罗福颐先生1941年出版的《传世古尺录》中的内容，提到明代量地尺有1尺等于34.1厘米和32.65厘米两例，以及清代量地藩尺中，1尺等于34.3厘米这一例。[①] 所以，根据测量的香严寺各层台地的实际数据，所推算出来的1丈等于3.3米的量地尺应是确实存在的。

香严寺的总面阔为69.8米，总进深为178.6米。按照1丈等于3.3米进行换算，面阔约为21丈，进深约为54丈。以3丈为9.9米的量地尺画横竖方格网，在图上进行核检，发现如果以牌坊中线为南部界线，以藏经阁后墙为北部界线，其南北向为18个方格，即54丈；在东西方向上，以东西最外边缘线为界线，可容纳7个方格，即21丈。这四条边界线组成一个长方形，正好覆盖了香严寺主轴线上的建筑院落，如果在这个长方形之内画两条对角线，对角线的交点也可以理解为整个寺院的中心，正好落在大雄宝殿前檐阶条石的中心点上（图4.5）。

在对香严寺的数据进行整理的时候，我们发现另外一组值得注意的数据，也就是建筑与建筑之间的关系，即在纵向上，建筑与建筑之间的距离也是整数尺。1983年河北省石家庄市平山县中山国墓出土的《兆域图》，距今2000多年，但已清楚地标示了建筑与建筑之间的距离。由此看来中国人很早就开始思考建筑之间的距离关系了，这一点在香严寺的测绘数据中也得到了充分的验证。令人疑惑的是，这组数据所采用的营造尺与开挖土方的营造尺不太一样，采用了1尺为32厘米的长度，近似于官尺。从牌坊台明边沿线开始到韦驮殿，再到接客亭、大雄宝殿、望月亭、法堂，最后到藏经阁，建筑间的距离分别是：33535毫米、24925毫米、7010毫米、4507毫米、19838毫米、20823毫米。按照1尺为32厘米计算，分别是105尺（误差为−65毫米）、78尺（误差为−35毫米）、22尺（误差为−30毫米）、14尺（误差为27毫米）、62尺（误差为−2毫米）、65尺（误差为−23毫米），误差率不到0.5%。

---

① 梁方仲.中国历代户口、田地、田赋统计[M].北京：中华书局，2008.书中摘录罗福颐先生1941年出版的《传世古尺录》中所记录的清代量地藩尺为其家藏木尺，又称户部尺。

图 4.5 香严寺平面尺度分析图

开挖土方和建筑建造遵循两种不同的营造尺,原因可能有两种:第一种,开挖土方采用的是丈杆或者是量地尺,而在建筑建造的过程中采用的是营造尺。第二种,台地开挖土方和建筑建造的年代是两个不同的年代,所以采用了两种不同的营造尺。纵观香严寺的历史沿革,以及对建筑单体尺度的分析研究,单体建筑的建造尺度中也出现了两种不同的营造尺(后文详述),因此第二种原因更符合逻辑。建筑叠加多重历史信息,能反映不同时期的营建过程,这也是中国古建筑研究的矛盾与复杂所在。

2. 香严寺建筑群的规模

早期的寺院规模等级是较为分明的,在北魏洛阳和隋唐长安城可考的寺院当中,就有房间千余间、占地面积几百亩的大型寺院,[①]也有在住宅基础上改建而成的小型寺院。宋元时期更是有著名的"五山十刹",以及"甲刹"这样的寺院等级。明清时期,随着古代合院建筑在基址规模上普遍缩小,占地面积特别大的寺院就变得很少了。明代仍有占地数百亩的敕建寺院,到了清代基本上就没有了。清代,分布在城镇以及山脚的寺院一般都选在地势平整之处,院落结构相对紧凑。山坳型寺院,由于受到地形的限制,要么规模较小,要么轴线拉得比较长,建筑也随形就势,布局比较灵活。

中华人民共和国成立以来,河南省公布了八批省级重点文物保护单位名录,其中寺庙(不含单独的塔)共计五十三座,基本涵盖了河南省各地市遗留下来的重要寺院(表4.4),这为我们研究中原地区汉传佛寺的建筑空间布局提供了很好的参考资料。以下将通过对比研究的方法,分析香严寺的建筑规模及特点。

表4.4 　　　　河南省级重点文物保护单位中的寺庙建筑基本信息表[②]

序号	名称	位置	时代	面阔/米	进深/米	面积/平方米	备注
1	天宁寺	浚县	北魏—明	—	—	—	
2	鄂城寺	南阳市	宋—清				仅存佛塔和两座佛殿
3	少林寺	登封市	唐—清	124	302	37448	保存完整
4	风穴寺	汝州市	唐—清	80	108	8640	保存完整

---

① 王贵祥,等.中国古代建筑基址规模研究[M].北京:中国建筑工业出版社,2008:163.
② 本表对河南省主要佛寺做统计分析,以便对中原地区佛寺的整体状况有一个宏观的了解。表中部分数据从卫星图和平面图估算而来,面积计算主要针对佛寺主体建筑群,不包括外围塔林、距离主体建筑群较远的院落以及园林绿化等非建筑用地。此处主要为了衡量核心建筑群的尺度。

续表4.4

序号	名称	位置	时代	面阔/米	进深/米	面积/平方米	备注
5	慈胜寺	温县	五代—明	—	—	4125	仅存两座元代佛殿和一座石经幢
6	乾明寺	襄县	明	82	450	36900	保存完整
7	白马寺	洛阳市	金—清	130	223	28990	保存完整
8	相国寺	开封市	明、清	66	330	21780	保存完整
9	灵山寺	宜阳县	金—清	46	114	5244	保存完整
10	大明寺	济源市	元—清	43	112	4816	保存完整
11	白云寺	辉县市	元—清	46	54	2484	—
12	香严寺	淅川县	元—清	70	180	12600	保存完整
13	丹霞寺与塔林	南召县	元—清	50.92	82	4175	保存完整
14	惠明寺	林州市	明、清	—	—	—	仅存天王殿、大雄宝殿、水陆殿
15	安国寺	陕州区	明、清	27.65	101.3	2800	保存完整
16	高阁寺	安阳市	明、清	—	—	—	高台阁楼式建筑
17	月山寺与塔林	博爱县	明、清	50	136	6800	—
18	白云寺	民权县	清	63	125	7875	—
19	菩提寺	镇平县	清	60	145	8700	保存完整
20	观音寺	汝阳县	清	34	80	2720	保存完整
21	清凉寺（含碑刻）	登封市	金	34	55	1870	—
22	观音寺	博爱县	元、明	—	—	—	仅存中佛殿、大佛殿等四座十三间
23	洛阳安国寺	洛阳市	明、清	—	—	—	现存南北两座大殿
24	开元寺	舞阳县	明、清	—	—	—	现仅存大殿拜殿各五间
25	静林寺	济源市	明、清	16.7	84.2	1406	—
26	盘谷寺	济源市	清	45	68	—	—
27	龙泉寺	登封市	明、清	—	—	1720.4	—
28	妙水寺	汝州市	清	57	100	5700	—

续表4.4

序号	名称	位置	时代	面阔/米	进深/米	面积/平方米	备注
29	狮王寺	郏县	清	65	97	6305	—
30	慈源寺	林州市	清	—	—	—	仅存文昌阁、大雄宝殿和三教堂
31	普济寺	武陟县	明、清	—	—	—	仅存山门和菩萨殿
32	圣佛寺	孟州市	明、清	—	—	—	2013年扩建
33	吉祥寺	武陟县	清	—	—	—	存有大殿五间和东配殿三间
34	青冢寺	襄城县	明、清	66	115	7590	—
35	福昌寺	巩义市	清	50	98	4900	—
36	青龙禅寺	巩义市	清	—	—	—	仅存山门、伽蓝殿、大雄宝殿以及钟鼓楼基址
37	兴佛寺	巩义市	明	21	27	567	—
38	香山寺	洛宁县	明、清	37	61	2257	—
39	大觉寺	伊川县	明、清	30	68	2040	—
40	庆安禅寺	嵩县	清	—	—	—	仅存山门、关帝庙、东西厢房及大雄宝殿
41	南湖寺	辉县市	清	—	—	—	—
42	白鹿山寺院群旧址	辉县市	明、清	—	—	—	—
43	东宁寺	新乡市	明、清	60	140	8400	—
44	龙耳寺	渑池县	明、清	—	—	—	仅存山门、正殿和配殿五座
45	普严寺	方城县	清	—	—	—	仅存大殿
46	北泉寺	确山县	明、清	—	—	—	—
47	北勋石佛寺	济源市	明、清	30	54	1620	—
48	超化寺下寺	新密市	清	30	90	2700	—
49	青云禅寺	尉氏县	清			800	—
50	刘楼观音寺	郏县	清	38	100	3300	—
51	小南街观音寺	武陟县	清	—	—	—	仅存山门、大殿及左右厢房

续表4.4

序号	名称	位置	时代	面阔/米	进深/米	面积/平方米	备注
52	青莲寺	博爱县	清	12	37	444	—
53	报恩寺	济源市	明	—	—	—	仅存后佛殿

在这53处佛寺中,目前已知面积规模的有30余座,其中面积超过10000平方米的大型寺院有5座。1983年4月9日国务院批转《国务院宗教事务局关于确定汉族地区佛道教全国重点寺观的报告》,清华大学袁牧博士对其中确定的142座中国汉族地区全国重点佛教寺院建筑进行研究,发现面积超过10000平方米的寺院不到一半,占42%,面积超过12000平方米(与香严寺面积相当或者大于香严寺)的寺院仅占22%,[①]遑论更为少见的中轴线上有七进院落八座建筑的寺院了。由此可见香严寺在河南省乃至全国都算得上规模较大、保存较为完整的佛寺。

三、香严寺建筑群布局

(一) 汉传佛寺空间的发展演变

汉代佛教传入中国,经过两千年的发展,成为中国文化不可或缺的一部分,影响到中国人生活的方方面面。研究佛教建筑文化是全面认识和了解中国传统建筑文化的一条重要途径。

佛教寺庙常采用中轴对称的布局方式。寺,原用于命名特定官署。东汉明帝在位时期,天竺高僧摄摩腾等携带佛经来到洛阳,住在接待外宾的官署驿馆"鸿胪寺"[②],翻译经卷和弘扬佛法。后来在洛阳兴建僧院,称"白马寺",白马寺是中国最早的寺庙,后世相沿以"寺"为佛教建筑的通称。庙,一般形制严肃整齐,是中国古代的祭祀建筑,用于祭祀祖先、圣贤和山神等。古人将祭祀佛陀的"寺"也称为庙,于是就有了寺庙这个专有称谓。

三国、西晋时期,官方设立的寺院数量逐渐增多。随着佛教的影响越来越大,一些王公贵族也开始供养僧众,建设寺院。他们将自己的私宅捐献出来,供僧人使用,

---

① 袁牧.中国当代汉地佛教建筑研究[D].北京:清华大学,2008.
② 鸿胪寺,中国古代官署名,主掌外宾、朝会仪节之事,为九寺之一。九寺,即九卿之官署,九卿为古代宰相之下九位重要官员的合称。

这就是历史上著名的"舍宅为寺"。舍宅为寺的风气在东晋开始盛行,自此以后,佛寺大量出现在城市之中,并且发展出一种新的形式,即赋予原有的居住建筑空间新的佛教功能——以前厅为佛塔,后堂为讲堂(图4.6)。在这个过程中,中国传统院落形式开始影响寺院的空间布局,这是佛教寺院中国化的一大特点。傅熹年认为,这是本土文化不断吸收外来佛教文化并加以改造的一个过程,"中国佛寺形态的演变可以南北朝中期为界,分为前后两个阶段,前一阶段处于佛教进入中国后,逐渐为社会所接受的发展过程,佛寺的形态主要反映为寺院功能的不断扩充和完善,后一阶段处于南北朝后期到隋唐,佛教进一步深入中国社会,形成中国佛教体系的过程,佛寺形态的表现为以传统的建筑布局手法,比附外来的有关佛寺建造的种种说法,逐渐形成了与城市、宫殿、宅邸等具有相同规划原则的中国寺院总体布局形式"[1]。宿白先生在《东汉魏晋南北朝佛寺平面布局初探》中将东晋、南北朝时期的佛寺平面发展分为前后两期,以南齐武帝和北魏孝文帝迁都洛阳为分界点。前期延续了东汉以来的以佛塔为中心、周围环以匝房的寺院布局形式,后期虽趋于复杂,但最典型的仍然是前塔后殿

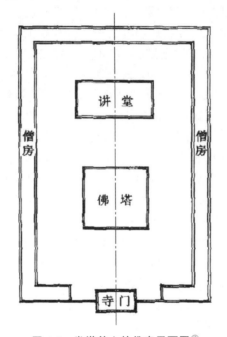

图4.6 堂塔并立的佛寺平面图[2]

---

① 傅熹年.中国古代建筑史(第二卷)[M].北京:中国建筑工业出版社,2001.
② 同上。

的布局。① 这一时期,南北方佛寺的空间布局也不太一样。北方较为规整,以佛塔、讲堂居中为主。南北朝后期"舍宅为寺"的寺院中,仍保留大量的楼阁式建筑,因此佛教寺院中"楼阁台殿,拟则宸宫"。

隋唐时期,以佛塔为中心主体的布局观念被突破,佛殿作为中心主体,佛塔被分至两侧,别院的布局逐渐定型。关于初期佛寺布局,史料没有明确记载,但此时开始出现佛塔位置不居中的布局。另从现存的《戒坛图经》中可以看出,到唐代,佛寺已经有了明确的中轴线,以中院为核心,周围设立别院,呈现出规制化的趋势(图4.7)。随着佛殿地位的提升,殿内立佛成为时尚,隋唐时期佛寺建阁之风日盛,重台高阁逐渐取代了佛塔的地位,居中立塔的做法已不再是主流,甚至晚唐佛寺很少设立佛塔。

禅宗是佛教中国化的产物,是中国佛教的重要宗派。南北朝时期,印度僧人菩提达摩"一苇渡江",抵达嵩山少林寺,面壁九年成为禅宗初祖。禅宗传至五祖弘忍,于双峰山和东山寺弘法,后人称为"东山法门"。弘忍门下弟子众多,以神秀、慧能最为突出,两人在禅宗思想上的分歧导致了禅宗的南、北分化。以慧能为代表的南派禅宗,其发展的最大推动者是青原行思和南岳怀让。禅宗的高度发展必然造成宗派分歧,由此衍生出禅宗门下的五家七宗。《五灯会元》记载,早期的禅宗僧人多隐遁山林。随着禅宗的繁盛,其修行和生活方式也发生了变化。禅宗的第九代弟子怀海禅师所创立的"百丈禅门规式",又称"百丈清规",对禅宗寺院的布局和建筑设置产生了重要的影响,标志着禅宗寺院的规制正式确立。禅宗之前的寺院传统布局形式,基本上都是前塔、后殿的形式;南北朝到唐代,寺院的布局逐渐由以佛塔为中心,转变为以佛殿为中心,佛殿在寺中的地位最为尊崇,形制也最为壮丽。而在"百丈清规"之后,怀海禅师所倡导的"不立佛殿,唯树法堂"又再次改变了以佛殿为主体的布局,由此开辟了禅宗修法道场和修行方式以"不立佛殿"为主要宗旨的新天地。该规制模式仅设置法堂作为长老升堂主事、弘法受教的场所,其余的僧人不论高下均进入僧堂,在布局上改变了佛殿在寺院中的主导地位。然而这种理想化的、以弘法和参禅悟道为主要功能的禅宗寺院,并不能满足世俗化礼佛的需要。为了禅宗的进一步发展,寺院又重新设立佛殿,形成佛殿与法堂同设的格局。

及至宋代,"丛林制度已灿然大备"(《崇宁清规》)。佛寺开始形成前殿后堂式的布局,中轴线及两厢布置多重佛殿,以佛殿、法堂为主体,两侧建有钟楼、藏经阁、文殊阁以及普贤阁等。殿阁并立是宋代具有代表性的佛寺布局形式。南宋时期创立了"五山十刹"的体制,形成了庞大、严密的禅院组织机构(图4.8)。

---

① 宿白.魏晋南北朝唐宋考古文稿辑丛[M].北京:文物出版社,2011:230.

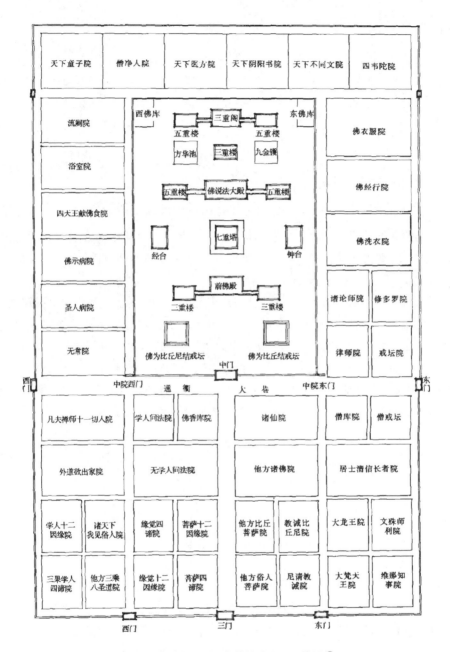

图 4.7　《戒坛图经》中的佛院平面示意图①

①　傅熹年.中国古代建筑史(第二卷)[M].北京:中国建筑工业出版社,2001.

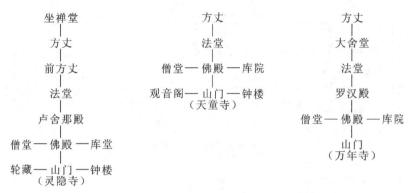

图 4.8　南宋《五山十刹图》中寺院的布局①

元代佛寺继承了南宋佛寺的基本格局,中轴线上一般从南到北设置佛殿、法堂、方丈。这一时期护法神庇护寺院的思想得到了进一步的加强,开始出现单立的护法神殿。

明代的佛教派别仍以禅宗为盛,但相比宋元时期,辉煌已不复存在,佛教的世俗化进一步加深,儒、释、道三教的融合也更加深入。明代禅寺的主体配置格局经历了由简趋繁的过程。院落东西对称的配置形式进一步强化,比如祖师堂与伽蓝堂相对、钟楼与藏经阁相对等。明代中期以后,禅寺中轴线上通常出现两座以上大殿,佛殿的地位进一步提升,法堂在中轴线上的地位渐趋衰微,鼓楼取代藏经阁和钟楼对立,藏经阁移至中轴线的最后。与此同时,护法神殿在寺院中的地位更加凸显,天王殿前移。

清代佛寺建筑的发展,多依靠民间的支持。寺院的规模进一步缩小,寺院的选址、建筑的设计与装饰更加世俗化,寺院的空间布局更加程式化(图 4.9)。清代各宗派寺院在建筑布局上并没有太多的差异。在以天王殿、佛殿、法堂为核心的建筑布局中,结合寺院的历史、文化增加了许多其他的功能性建筑,表现出儒、释、道文化的融合,更多地采用民间工艺技术,体现地方建筑风格。

(二) 独具特色的空间布局

香严寺整个建筑群分为宗教仪式空间和生活空间两部分,建筑形式各异,丰富多彩,气势宏伟,高低错落,序列层次非常丰富。最南侧为明嘉靖年间修建的四柱三门的石牌坊。牌坊之后为山门,山门现已不存在。根据碑刻记载,韦驮殿建于清康熙年

---

① 潘谷西.中国古代建筑史(第四卷)[M].北京:中国建筑工业出版社,2009.

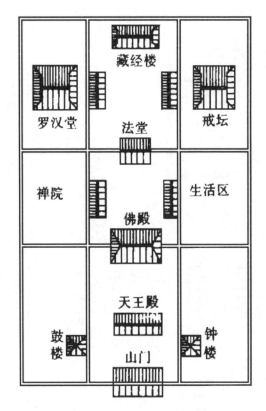

图 4.9 清代禅宗寺院平面示意图①

间,清光绪十三年(1887 年)重修。大雄宝殿始建于明永乐年间,清康熙年间重修。在大雄宝殿与韦驮殿之间,是清光绪五年(1879 年)重建的接客亭。大雄宝殿之后是清雍正十三年(1735 年)重建的宣宗殿,又称望月亭,其北侧为法堂。中轴线上最后一座建筑是藏经阁。中轴线两侧由南向北设有东客堂、钟楼、西僧堂、五观堂、观音殿、菩萨殿、禅堂、祖师堂、文殊殿、普贤殿等大大小小近 20 座建筑(图 4.10)。东侧另辟静养院,其南面东侧由北向南依次设账房、厨房、仓房、磨坊、碾坊、牲畜房,静养院东北辟有后寮。寺院东北角约 30 米处建有独立的护塔小院。

　　香严寺建筑群在明嘉靖年间历经大规模的修缮,清代又屡次重建,现存建筑基本上为清代建筑。但其建筑的空间布局仍然保留着明代中期的痕迹。

　　从佛寺空间的发展演变来看,宋代佛教寺院的空间格局更加多样化,明清则更加

① 戴俭.禅与禅宗寺院建筑布局研究[J].华中建筑,1996,14(3):94-96.

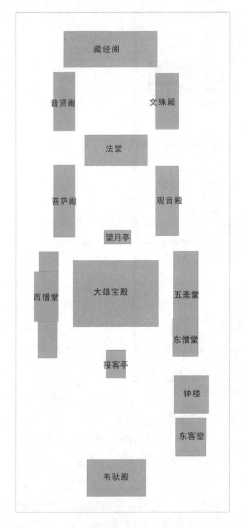

香严寺建筑配置示意图

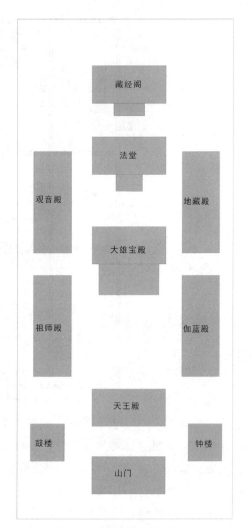

清代寺院基本配置

图 4.10　香严寺建筑布局与清代寺院基本布局对比

简化和定型化,但进一步丰富了寺院的功能。香严寺建筑群的空间格局带有明显的
明清过渡时期的痕迹,清代的历次修缮主要是对旧有建筑类型和空间模式的沿用和
承袭,并进行进一步完善。在建筑配置上,香严寺有其独有的特点:首先是以韦驮殿
为整座寺院的起始点,而非将天王殿作为建筑群的开始;其次是在钟楼的配置上,采
用了早期寺院建筑的单钟楼配置方式;最后是在主要殿堂的前端设置一座小型建筑
作为过渡,这是香严寺建筑群的一个非常重要的特点。

整个香严寺建筑群(图 4.11)由若干庭院组成,不仅突出了庭院内向空间的表现力,而且通过接客亭、望月亭等小型建筑,对院落与院落进行分隔和连接,从而形成不同的功能空间(图 4.12)。从牌坊到韦驮殿是整个寺院的前导空间。韦驮殿与钟楼等建筑围合的庭院是寺院中面积最大的空间,用大面积的"留白"来衬托主体建筑丰富多彩的立面形象。法堂庭院采用另一种空间处理方式,法堂建在略微高出庭院的台明上,与体量相仿的左右配殿形成闭合的院落空间,既突出了法堂的重要性,也营造出和谐统一的空间氛围。最后一进院落藏经阁庭院的塑造手法和前两个院落完全不同,是利用建筑的台明将院落分割成若干个小空间,左右厢房距离相对较近,藏经阁、文殊殿、普贤殿的月台又将院落分成了高、低两个空间。中间的内庭院近似于方形,而藏经阁又是整个寺院中面阔最大的两层楼阁建筑,所以整个院落不像大雄宝殿前的祭拜空间那样空旷,也不像法堂庭院那样静谧,而是给人一种局促感和压迫感。这个空间序列的设置是由使用功能决定的,也是遵从礼仪规制的。庭院空间注重空间结构的起、承、转、合,在规格尺度、主从关系、前后次序的抑扬对比、铺垫烘托等方面的安排极为严密。

(三) 礼以重祭、居中为尊的空间理念

香严寺建筑群保存较为完整。整个组群前低后高,主轴线与副轴线主次分明,建筑与建筑之间的关系都是经过设计的,具有很强的空间感和节奏感。

汉传佛教的寺院空间在漫长的历史发展过程中逐渐汉化,其中儒家思想起到了重要作用。在中国传统文化中,"礼以重祭"的思想直接影响了寺院的空间布局,其中最突出的表现就是以"礼"为寺院空间的主导。《说文解字》曰:"礼,履也。所以事神致福也。"《礼记·祭统》曰:"凡治人之道,莫急于礼;礼有五经,莫重于祭。"唐宋以后,寺院基本确立了以佛殿、法堂为核心的建筑空间布局。从功能上来说,佛寺具备两个基本功能,一是礼佛,二是弘法。明清的佛寺,与社会和世俗生活有了更加紧密的联系。为满足普通老百姓求佛、礼佛的基本诉求,佛殿成了寺院空间中最为重要的建筑,而以弘法为基本功能的法堂则居于次要地位。其中大雄宝殿与韦驮殿之间是礼佛的前导空间,这个庭院是香严寺面积最大的院落,东西 37 米,南北 30 米,总面积达到 1110 平方米。

香严寺建筑群现存的建筑大多以硬山顶形式为主,大雄宝殿及其前端起引导作用的接客亭则采用了规格更高的歇山顶形式。作为重要的礼佛殿宇,大雄宝殿的建筑体量是最大的,建筑规格是最高的,建筑的装饰也是最丰富多彩的,殿内保存有河南省面积最大的建筑壁画。

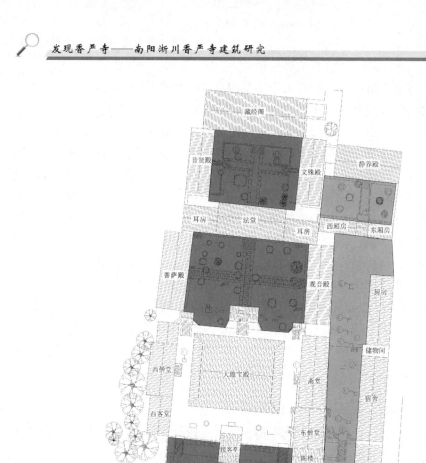

图 4.11　香严寺建筑群

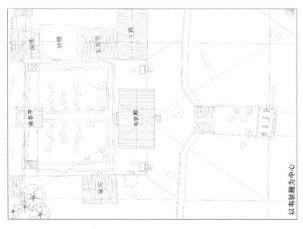

图4.12 香严寺院落布局中心示意图

在以儒家思想为主要意识形态的中国封建社会,"礼"作为等级观念始终是建筑布局中的一个重要理念。先秦时期就有"择中"的观念,"古之王者,择天下之中而立国,择国之中而立宫,择宫之中而立庙"(《吕氏春秋》卷十七)。《荀子·大略》中有:"欲近四方,莫如中央;故王者必居天下之中,礼也。"在中国传统建筑中,"择中"的思想不仅反映在宫殿建筑中,也扩展到其他类型的重要建筑中,成为建筑群空间布局的普遍方法。佛教建筑也深受儒家文化的影响,其中"居中为尊"的思想在建筑空间布局中非常普遍。在寺院建筑群中,把最重要的大雄宝殿置于院落的几何中心,凸显其中心地位。这种"居中为尊"的布局,体现出礼制的要求与表现宏大气势的建筑构图法则之间的统一。在香严寺中,韦驮殿作为整个建筑群中第一座重要殿宇,法堂作为后部庭院中最重要的建筑,都处于所属院落空间的几何中心位置。

我们尽可能地通过测绘数据去探究香严寺最初的设计思想和设计方法,庆幸的是,通过数据整理,我们发现香严寺的施工值与设计值误差非常小,这也使我们在研究过程中能够更容易地确认原始的设计数据。值得注意的是,三进院落空间的中心点并不是各核心建筑的中心点,而是具有非常强的指向性:韦驮殿作为前导空间中最重要的建筑,其几何中心点位于前金柱的轴线中心;而法堂作为后部空间中最重要的建筑,它的几何中心点则是后金柱的轴线中点;以大雄宝殿为中心的第四层台地的几何中心则正好落在佛像前的拜石上。这并不是巧合,古人在进行古建筑群体的设计时并不会用复杂的数列关系,而是用最简单最朴素的对称、几何网格等方法进行规划。当然这也并不是香严寺的独创,傅熹年先生就曾对现存的重要寺院进行研究,其中一些案例的做法与香严寺不谋而合。如山西朔州崇福寺几座重要殿宇的几何中点就是在佛坛前,颐和园须弥灵境的几何中心也是在主殿的拜石位置。

(四) 独特的视觉设计与建筑节奏

宗白华先生的《美学散步》①中有这样一段话:"艺术家创造的形象是实,引起我们想象的是虚,由形象产生的意象境界就是虚实的结合。"建筑的虚实结合就是通过设计者的规划布局和观赏者的有效视角来实现的。建筑群的视觉效果主要取决于建筑的空间布局以及建筑体量,古代的匠人经常采用多种造型手法,加强视觉表现力。

香严寺建筑群中轴线贯穿始终,整体对称规整,整个空间富于变化。设计者将观赏者的视觉习惯融合到空间艺术布局中,使观赏者能够以不同视角欣赏各具特色的建筑景观。在整个观赏流线中,若干重要节点成为观赏者的主要观赏点,比如建筑群的入口、停留较长时间的空间、移动路线的转折点等。

---

① 宗白华.美学散步[M].上海:上海人民出版社,1981.

按照一般的规律,观赏单体建筑的最佳角度为人视线聚焦的18°垂直视角,此时视点距离为建筑高度的三倍,而普通人的正常垂直视角大概是30°,傅熹年先生在研究佛光寺大殿时采用的就是30°视角,这个视角的水平距离大约是建筑高度的两倍。[①]

沿着香严寺的中轴线穿过牌坊。站在第二层台地的起始点,以30°的视角即可看到韦驮殿的正脊;穿过韦驮殿,来到第三层台地,站在韦驮殿的后檐,以18°视角进行观察,北侧的接客亭与大雄宝殿的正脊正好落在这条视线上。在第三层台地的中央回头看,以30°视角正好可以看到韦驮殿的正脊;向前同样以30°视角看到的则是接客亭的正脊。继续前进至接客亭第一踏台阶的中央位置,向前仰望30°,视线通过接客亭的后檐口正好落在大雄宝殿的正脊。这样的视角关系在法堂与藏经阁的空间中同样有清晰的表达。在第五层台地的中央以30°视角向北看,视线正好落在法堂的正脊上;而在第六层台地院落的正中间同样用30°视角进行连线,其南侧为法堂的正脊,北侧则是藏经阁的正脊(图4.13)。

图 4.13　视角分析示意图

在建筑距离较近的区域,则采用了另外一个视线角度,即45°视角。主要体现在接客亭与大雄宝殿之间的空间,站在两座建筑的中点,向南45°视线正好落在接客亭的正脊,而向北的45°视线则正好落在大雄宝殿的檐口。在大雄宝殿的后檐以45°视角看到的正好是望月亭的檐口。

从视线角度对建筑群进行解读,设计者为了达到更好的视觉效果,采用了对比衬托的手法,强化建筑的启、承、转、合。巧妙地利用建筑的体量大小与地势的高低变化以及院落空间的尺度变化,为观赏者提供舒适的观赏视角。通过视距长短的变化,让观赏者享受不同的视觉体验。从山路拾级而上,进入香严寺的前导空间,这里只有一个没有完全围合的四柱三门牌坊,开敞的空间与狭窄的山路形成视觉上的对比,前导空间是整个建筑群的序曲,悠扬而舒缓。进入第二层台地上体量较大的韦驮殿,是整

---

① 《中国早期佛教建筑布局演变及殿内像设的布置》一文指出,佛光寺大殿与南禅寺大殿剖面设计中考虑了视线与相似的关系,以1.6米为标准的人体视线高度,人站在佛光寺东大殿或南禅寺大殿的前檐柱、前金柱或佛坛前人眼视线观看背光顶部和主佛头顶位置的视线角度恰好是30°。引自傅熹年.傅熹年建筑史论文集[M].北京:文物出版社,1998。

个建筑群的第一个高潮。穿过韦驮殿是一处相对较大的庭院空间,这个空间连接韦驮殿与大雄宝殿,起到承前启后的作用。穿过庭院则是体量较小的接客亭,接客亭与大雄宝殿之间的距离相对较近,大雄宝殿又是整个建筑群中体量最大的建筑,其后紧跟望月亭,建筑之间的距离很近,高度、体量的对比比较强烈,节奏密集而高亢,这是整个建筑群的第二个高潮。过了望月亭是法堂,法堂的建筑体量要小于韦驮殿,但是地势高于韦驮殿,而低于大雄宝殿。最后一进院则是整个建筑群当中最高的藏经阁。

在整个寺院的剖面图上,我们连接各层台地的中点,以及各建筑的高点,从而在空间与高度的变化上形成一条波浪线(图4.14)。通过这条波浪线来观察建筑群的节奏变化,将它们与音符对应,就能得到一段节奏丰富的音乐片段,这个音乐片段中有序曲,有起、有承,有舒缓、有紧凑。我们试图通过这样的方法寻找建筑节奏与音乐节奏的关联。德国诗人歌德在看到法国斯特拉斯堡大教堂时,曾发出这样的赞叹:"建筑是凝固的音乐。"这句话形象地描绘了建筑与音乐之间的美学联系,强调了建筑在视觉和空间上的和谐与音乐的旋律美之间的相似性。中国传统建筑多是由单体建筑所组成的建筑群,建筑群同样表现出了音乐的旋律美。与斯特拉斯堡大教堂不同,香严寺建筑群利用地形的高差,建筑体量的大小以及建筑间距、高度的变化,谱写出一部变化丰富的建筑乐章。

通过测绘图发现的这些视觉的规律,并不能说明古代的匠人在进行整体建筑空间的规划时,就已经能够熟练地运用视觉与角度的关系来控制建筑的体量和高度。其

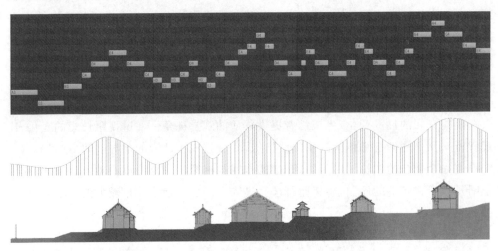

图 4.14　建筑节奏与音律对比示意图

中表现出的非常明显的节奏和韵律(图 4.14)也许并不是简单的巧合,需要更多关注中国传统建筑的学界同人用不同的建筑群研究案例来寻找和佐证其中蕴含的美学思想。

四、香严寺建筑群设置特点

香严寺建筑群与现存其他寺的主要区别有以下几点:首先是中轴线上韦驮殿的设置,其次是中轴线东侧单钟楼的设置,最后是中轴线上接客亭与望月亭的设置。其中韦驮殿和单钟楼的设置带有非常强烈的时代特征,这一点后文会有专门的论述。而建于清代的接客亭和望月亭则是对整个建筑群功能布局,以及建筑形象的完善和补充。

(一)韦驮庇佑梵宫,佛光普照仙殿:韦驮殿的设置

韦驮殿并不是所有寺院都有的配置。韦驮,梵文名为 Skanda,是印度婆罗门教中的天界战神。佛教又将韦驮天神吸纳进来,使其成为佛教中守护佛法的护法神。汉传佛教中最早出现韦驮名号的是《金光明经·鬼神品》(北凉昙无谶译本):"大辩功德,护世四王,无量鬼神,及诸力士,昼夜精进,拥护四方…… 风水诸神,韦驮天神及昆纽天,大辩天神及自在天、火神等神,大力勇猛,常护世间。"唐代以后韦驮菩萨也逐渐中国化,唐代道宣法师所著的《道宣律师天人感通录》记载道宣法师因持戒精严,道行高深,感得天人护法。他曾与天人会谈,说到南方天王部下有一位韦将军,常周行东、南、西三洲,护诸梵行沙门。同一时期道世所著《法苑珠林》卷十记载:"又有天人韦琨,亦是南天王八大将军之一臣也。四天王合有三十二将,斯人为首,生知聪慧早离欲尘,清净梵行修童真业,面受佛嘱弘护在怀,周统三洲住持为最。"就此,汉传佛教将印度佛教的韦驮天与道宣梦感的韦将军合二为一,逐渐形成了具有中国特色的韦驮菩萨。其后韦驮菩萨在佛教中开始得到宣扬,并流传开来。南宋乾道九年(1173年),天台宗僧人行霆整理出《重编诸天传》,其中记载"自唐高宗已来,诸处伽蓝及建立熏修,皆设像崇敬,彰护法之功"[①],由此可知唐高宗时期就开始在寺院道场中立韦驮菩萨像了,但具体时间无法考证。由于没有相关的具体实物证据,目前学术界普遍认为寺院设韦驮菩萨造像是宋代以后,主要用来守护伽蓝内的僧众以及道场。山西临汾元代的广胜寺下寺存有目前可以考证的历史较为悠久的韦驮殿(图 4.15)。当前可查的有关韦驮殿的史料基本集中在明中期以前。

---

①　李鼎霞,白化文.佛教造像手印[M].北京:北京燕山出版社,2000:148.

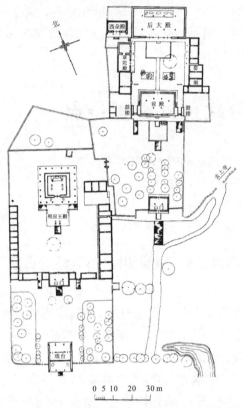

图 4.15　山西临汾元代广胜寺下寺平面图①

　　根据《金陵梵刹志》以及部分寺志、碑刻,明代寺院最显著的一个变化,就是在主体建筑群当中增加了金刚殿、天王殿、韦驮殿这样具有庇护禅林功能的护法神殿。《金陵梵刹志》明确记载的一百七十多座寺院中,设置天王殿的有 50 座,设置金刚殿的有 33 座,而设置韦驮殿的仅有 8 座且多数为小型寺院,仅有凤山天界寺这座大刹设立了韦驮殿。②《国务院宗教事务局关于确定汉族地区佛道教全国重点寺观的报告》公布的 142 座寺院和 53 座被列为河南省省级文物保护单位的寺院中,独立设置韦驮殿的寺院也非常少。韦驮殿的设置有三种模式:一是寺院山门后建韦驮殿,或者没有山门,起始即是韦驮殿,《金陵梵刹志》中金川门积善庵、伽蓝庵、骁骑卫千佛庵、伞巷观音庵均属此类;二是寺院偏殿中独立设置韦驮殿,例如凤山天界寺、报国庵、广胜寺下寺,浙江省杭州市临安区西天目山的禅源寺,由于相传是韦驮菩萨道场,故单

　　① 刘敦桢.中国古代建筑史[M].北京:中国建筑工业出版社,1984:271.
　　② 葛寅亮.金陵梵刹志[M].南京:南京出版社,2011:322.

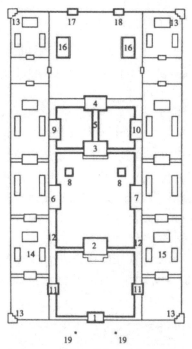

1.山门；2.正觉殿；3.法堂；4.后堂；5.连廊；
6.最胜殿；7.智严殿；8.塔；9.总持阁；10.圆通阁；
11.侧门；12.庑房；13.角楼；14.斋堂；15.庖井；
16.护法神殿、多闻天王殿；17.真如门；
18.妙祥门；19.幡杆。

图 4.16　元代大承华普庆寺平面图[①]

独设置有韦驮殿；三是天王殿背面悬挂韦驮殿匾额，例如北京法源寺、宁波天童寺。

从现存的历史资料中可以看出，明代以前寺院中护法神殿的配置并不完善，或者说其并不是寺院中必须配置的建筑。大型的寺院会在两侧的厢房设置护法神殿或者天王殿，例如元代大承华普庆寺在二堂之后布置护法神殿和多闻天王殿（图 4.16）。中小型的寺院则在山门中塑造二金刚、二力士。元至正二年（1342 年）重建的义乌双林禅寺即"沿山门入若干步，塑护法为二天神座像"。王贵祥先生认为"这很可能是较为早期的天王殿雏形，即在山门以内建一座殿堂供奉护法天王，这里的天王像只有两尊，与后世天王殿塑造的四大天王的做法仍有区别"[②]。明代寺院的一个显著变化就是扩大了寺院保护神祭祀空间，突出表现就是中轴线上出现了天王殿、金刚殿和韦驮殿。在金刚殿中塑二天王、二力士，使山门的功能更加独立或者直接取代山门。而天王殿则是明代出现的汉传佛教的一种全新的建筑类型，位于整个建筑群的最前面，部分寺院甚至直接用天王殿来充当山门。不过这一时期护法神殿的配置并不统一，有的寺院既有金刚殿，又有天王殿。这种并不统一的配置方式，其实是明代佛教寺院发展过程中的一个过渡现象，也是寺院强化护法神殿初期的一种做法。清代以后，护法神殿布局逐渐取得统一，多为单一的天王殿，或者金刚殿结合天王殿的配置，韦驮殿很少单独出现了。

综上所述，香严寺韦驮殿应该是明中期以前大规模重建寺院时期的产物，碑刻上所记载的韦驮殿始建于清康熙年间，应该是一次重建而非创建，即在原位置上进行了重建或者重修。

---

① 姜东成.元大都大承华普庆寺复原设计研究[M]//王贵祥等.中国古代城市与建筑基址规模研究.北京：中国建筑工业出版社,2008.

② 王贵祥.中国汉传佛教建筑史——佛寺的建造、分布与寺院格局、建筑类型及其变迁(下)[M].北京：清华大学出版社,2016:1693.

（二）梵呗钟磬远相闻，不见暮鼓萦山村：单钟楼的设置

钟楼曾是城市中的公共设施。隋唐时期，钟鼓楼的作用是"国家以号天下，是朝作而暮息"，而在寺院当中设置钟楼，目的是"以号其徒，使不失节度"。可见钟楼在不同环境下有着不同的功能。

隋唐时期已经开始在佛寺中建钟楼。宋元时期，钟楼成为主要建筑配置之一，具有十分重要的地位。钟楼一般位于寺院前部东侧，《酉阳杂俎》曰："寺之制度，钟楼在东。"从唐代开始与钟楼对立的往往是经阁。鼓楼大概出现在辽金时期，如辽代的崇圣院，"钟鼓二楼，晨昏梵呗，用宣佛化，引导群迷"。由此可见，辽代寺院已经出现钟楼与鼓楼左右对峙的建制。但是在其后的金、元时期，大多数寺院中仅有钟楼而没有鼓楼。明代，寺院配置钟楼、鼓楼的情况逐渐增多，但是在明代早期不管是在配置关系还是位置关系上都没有固定的范式，仍然有较多的寺院只有钟楼而没有鼓楼。如《金陵梵刹志》所载的大刹里也仅有灵谷寺设钟楼一座，天界寺钟楼设在右侧偏院（图 4.17），而大报恩寺既无钟楼也无鼓楼。明朝中期以后寺院中钟楼与鼓楼多对峙而立，这逐渐成为一种固定的搭配形式，在清代成为标准配置。

图 4.17　明代金陵天界寺钟楼①

香严寺钟楼位于大雄宝殿与韦驮殿之间的东侧，建于明朝中期，与其相对的西侧并无建筑，碑刻中也没有任何相关记载。清康熙年间举人彭始熹所作《题香严钟楼》②明确香严寺为单钟楼建制。至于原因，文中有两种说法：其一，寺院选址偏于一

---

① 葛寅亮.金陵梵刹志[M].南京：南京出版社，2011.
② 此为一组诗，共三首，作者为清康熙年间的举人彭始熹。第一首是《游香严双石洞》，第二首是《题香严钟楼》，第三首是《留别香严》，见《香严寺碑志辑录》。此诗虽为清康熙五十二年（1713 年）刻于碑上，但应该作于20 年前，即清康熙三十二年（1693 年）左右。

隅,所以建楼补缺,"似以人相扶";其二,"客言长安中,二楼常不俱,成则必火一",从文中可以看出作者并不赞同这两个原因,所以以"二者孰果是,纷纭增矫诬。我闻无以应,翘首看归鸟"结尾。结合香严寺钟楼的创建年代与相关的文献记载可以看出,这个时期钟楼、鼓楼相对而立的做法并不是一种约定俗成的程序,香严寺也延续了明代早期单钟楼的配置。但这一时期的做法通常是钟楼与经阁相对而立,但如前所述,香严寺钟楼对面未发现建筑存在,这个谜团也许需要通过考古发掘才可以解开。

明代香严寺下寺同样采用单钟楼的配置形式。清雍正十三年(1735年)《淅川香严禅寺中兴碑》记载:"无何万历之季,丹淅合涨,平谷溢岸,下寺山门、钟楼、天王、韦驮、十八尊者,洪流泊没。"这里只记述了钟楼、天王殿等建筑。清乾隆十一年(1746年)《复记师重建香严寺主建筑记功德碑》记载:"上寺创修大藏经阁七楹,传灯阁五楹。傍若普贤殿、文殊殿、韦驮殿、伽蓝殿、祖师殿、西化堂、悬钟阁、大雄殿。而下寺,大殿、方丈、山门、钟楼、柏子庵以及僧房上下两寺共建四百三十七间。"从上述碑刻推断香严寺的下寺和上寺一样,都采用了单钟楼的配置形式。至于香严寺导游及周边群众所说的香严寺上寺建钟楼,下寺建鼓楼,并没有实际依据。根据史料记载,香严寺下寺的规模超过上寺,钟鼓楼作为辽宋就进入佛寺建筑序列的重要建筑,如果要分开设立,也只能是下寺设立钟楼,而上寺建鼓楼。但这种做法未见相关记载,在全国现存寺院当中也未见实例,因此我们认为香严寺钟楼应该是单钟楼配置形式的延续。此外,香严寺东部地势较低,仅用一座较高的钟楼来调整建筑之间的高差和形势,而不设鼓楼,在设计构思上也是可行的,故清代也未再添建鼓楼。

(三)过厅映霞光,古殿香灯明:过渡与纳陛

门庭和主体建筑的分离是中国建筑的主要特色之一。大雄宝殿前设置接客亭(也称过厅)也是香严空间布局的一大特色,这种做法在现存的主要寺院当中并不多见。从接客亭脊檩上的墨书题记可以得知,这座建筑重修于清光绪五年(1879年),其始建年代目前无法考证。接客亭面积不大,建在高台之上,与大雄宝殿一样,均采用单檐歇山顶,其在寺院中的规格和地位可见一斑。在传统建筑中,门庭通常是平面组织的重要环节,同时也代表着空间过渡的段落或层次。在建筑布局上,接客亭是以大雄宝殿为中心的礼佛空间序列的起点,起引导和铺垫作用,更容易激发人们求佛、礼佛的虔诚之心,酝酿宗教情绪,激发礼佛兴致。

接客亭也是大雄宝殿组群中最突出的外向形象,是对外展示的重点。小体量的门庭与大体量的主体建筑相互衬托,出色地构成了建筑群的景观序列。作为一种中介,接客亭自身构成一进,以门屋的形式成为正座建筑的门庭空间;作为大雄宝殿前的过渡型建筑,可以起到衬托主体的作用。大雄宝殿所在的第四层台地与第三层台

地具有较大的高差,作为主要礼佛建筑的大雄宝殿要后退预留出礼拜空间。这就造成了从第三层台地看大雄宝殿,其下部会被高台遮挡,在一定程度上影响了大雄宝殿的视觉效果,而向前伸出的接客亭正好能以较小的建筑代价有效弥补这一视觉上的不足。

为了满足区分尊宾内外的"礼"的需求,中国建筑很早就确立了"门堂之制"的院落布局,主要殿堂前方必定设置对应的门。宫殿、坛庙、寺院、屋宅莫不如此。门庭的设置也是增强建筑纵深感,增加主轴线上建筑分量的重要手段。在组群当中,每增设一座单体门,就意味着增添一进院落,丰富了庭院层次。门庭的设置也反映了设计者对空间功能的定义。接客亭属于开放型的空间,引导的是以大雄宝殿为主体的礼佛空间,是香客、游客主要聚集场所。而望月亭与之相比就更具私密性,开启以法堂为中心的弘法空间。相对于礼佛空间来说,游客、香客在望月亭聚集、停留的时间相对较短,庭院更加幽静、庄重。

接客亭还有一个重要的功能,就是覆盖第三层台地到第四层台地的台阶,这应该是古代建筑中"纳陛"的做法。《汉语大词典》对"纳陛"的解释为:古代帝王赐给有殊勋的诸侯或大臣的"九锡"之一。凿殿基为登升的陛级①,纳之于檐下,不使尊者露而升,故名。颜师古注引孟康曰:"纳,内也,谓凿殿基际为陛,不使露也。"另有一说,纳陛为致于殿两阶之间,便于上殿。②

从建筑学的角度来看,"纳陛"包含两重意思:第一,凿殿基为登升的陛级,也就是台阶不是外露的,而是内嵌的。在月台上施以减法凿出台阶,与常规做法不同。常规做法是在月台以外砌筑台阶,属于加法。第二,纳于檐下,不使尊者露而升,就是藏起来、有遮挡的意思。内嵌式的台阶本身就属于"藏",而纳之于檐下就是台阶之上另有遮挡的屋檐。香严寺的接客亭建筑体量不大,从功能上看,它的一重功能就是遮挡内嵌的台阶。

古代文献中有关于"九锡"的详细记载。《韩诗外传》卷八:"诸侯之有德,天子锡之。一锡车马……五锡纳陛。""《礼》说九锡,车马、衣服、乐则、朱户、纳陛、虎贲、铁钺、弓矢、秬鬯,皆随其德,可行而次。能安民者赐车马,能富民者赐衣服,能和民者赐乐则,民众多者赐朱户,能进善者赐纳陛,能退恶者赐虎贲,能诛有罪者赐铁钺,能征不义者赐弓矢,孝道备者赐秬鬯。以先后与施行之次自不相踰,相为本末然。安民然后富足,富足而后乐,乐而后众,乃多贤,多贤乃能进善,进善乃能退恶,退恶乃能断刑。内能正已,外能正人,内外行备,孝道乃生。"③

① 陛级的意思是台阶或阶地。
② https://www.sou-yun.cn/QueryAllusion.aspx,访问日期为 2024 年 7 月 28 日。
③ 陈立.白虎通疏证[M].吴则虞,点校. 北京:中华书局,1994:302-304.

接客亭既是凿殿基而登升，也是纳陛级于檐下的。这两重功能完全符合"纳陛"的要求，也契合了一直围绕香严寺的皇家色彩。因为在礼制严苛的封建社会，九锡之五的"纳陛"常与九锡之四的"朱户"并列，是较高等级的锡赐，并不是普通寺院或者一般显贵敢擅自而为的。但是并没有在香严寺现存碑刻中找到相关的记载。

五、香严寺单体建筑结构及形制

香严寺现存建筑多为清代遗存，具有浓郁的地方特色。从地理位置上看，香严寺紧临湖北，距离湖北丹江口市不足 50 千米。在建筑风格及结构做法上受南方影响较大，与邓州等地的明清建筑有很大的区别。因而，为了方便说明建筑结构及形制，部分建筑构造采用《营造法原》中的说法进行描述。

传统建筑研究的一个重要目的，就是探寻营造过程中匠人们的思考过程，还原建筑最初建设的基本逻辑。对此，目前学术界常用的方法是确定营造尺，即计算明间整数尺。这种方法首先假定明间面阔为整数尺或者半整数尺，之后根据建筑年代确定可能的营造尺长度，再用建筑的面阔、进深、柱高等主要控制尺寸进行验算，验算后面阔、进深、柱高等最接近整数尺的营造尺长度就被认定为建筑创建时使用的营造尺。这是得到学术界公认的，最简洁的寻找营造尺的方法。然而，这种方法最大的问题是忽略了建筑尺度采用吉利数字的可能。在实际测绘中，我们发现古代匠人在营造一座建筑时，往往会使用鲁班尺或者压白尺法来确定建筑的主要控制尺寸，这样就会出现明间面阔尺寸并非整数的情况，针对这一情况，目前并没有理想的解决方法。

综上，为了还原建筑最初的设计逻辑，在大量数据推理的前提下，我们尝试根据建筑年代确定几个可能的营造尺长度，将它们代入测绘数据，寻找数据之间的关系。如果这个关系非常明显，那就证明我们的推测是合理的。通过对香严寺建筑测绘数据的研究，发现大多数建筑采用的是 1 尺等于 32 厘米的标准营造尺，个别建筑所采用的营造尺长度有差异，在后文中会有详细论述。

在古代，建筑施工前，匠人们首先要根据地块画出地盘图和侧样图，在这个过程中推敲面阔、进深、建筑高度、屋面坡度等重要尺寸。这反映了不同时期、不同地域建筑的设计规律，以及民风民俗对建筑设计的影响，对传统建筑研究具有重要意义。为了揭示传统建筑设计规律，我们运用现代工具进行精细测绘，配合手工测量，获得作为我们研究基础的测绘数据。基于测绘数据，我们可以在还原建筑原始面阔、进深等主要尺寸时精确到寸，进而考察中国古代建筑整体比例关系、细节构造及建筑设计规律，分析古代工匠在施工过程中的尺寸权衡与工艺匠心。尽管古代工匠在施工过程中可能会存在一定的误差，但在工匠师徒当中流传这样一句话："少一寸不用问，少一尺问老师。"由此可见施工中的允许误差一般不会超过一寸。因此,在实际工作中,困扰我们的往往不是施工误差,而是建筑测绘中的测量误差。香严寺的建筑测绘在手工测量的基础上结合三维激光扫描、近景摄影测量等现代手段,对数据进行验证,尽可能地减少测量中的误差。

(一)石牌坊

香严寺石牌坊为明代建筑,立于月台之上,四柱三间柱出头式。四根柱子均为小八角形(或称正方形四角抹斜)青石柱,顶端雕宝珠,下部有覆盆柱础,前后有卷云纹抱鼓夹杆石,石上雕刻卷云纹。明间横额阳面题刻"敕赐显通禅寺",显示了整个寺院的等级规格,阴面题刻"大明唐府重建""嘉靖己亥年孟春立",横额上立浮雕卷云纹的云冠。石牌坊通高5.75米,明间面阔3.45米,次间面阔2.83米,月台东西长11.55米,南北宽6.44米。四根石柱,横截面均为0.46米×0.46米。石柱前后抱鼓夹杆石,高1.45米,其中明间处宽0.9米,次间处宽0.77米,厚均为0.24米。有柱础支撑,抱鼓石鼎助,石牌坊历经400余年而巍然屹立(图4.18)。

图4.18 香严寺石牌坊(吴希提供)

石牌坊位于山门前,是香严寺建筑群的前导,对组群起到重要的引导和铺垫作用,同时激发人们的敬仰之情,有助于忘却俗念、净化心灵。作为建筑群中轴线上的第一座建筑,就建筑整体而言,门往往被赋予较多的象征意义,因而受到重视,通常被视为关键所在。明万历年间王君荣编《阳宅十书》,认为建筑物的门户具有沟通天地造化的奇功,即所谓"通气":"门户通气之处,和气则致祥,乖气则致戾,乃造化一定之理。故先圣贤制造门尺,立定吉方,慎选月日,以门之关最大故耳。"①

有关石牌坊的主要控制尺寸,按照1尺等于32厘米的营造尺换算,可得明间面阔一丈零八寸,次间面阔八尺八寸,明间柱高一丈八尺,次间柱高一丈六尺一寸(表4.5)。从主要控制尺寸来看,几乎全合"压白尺"的吉利数——1、6、8、9,②且为直接取用而不推算,开间尺寸与柱高尺寸也有一定的关系,符合传统"压白尺"的方式。压白尺在唐宋时期便广为流传,是营造建筑、制作器物时用来度量大小、占卜吉凶的测量工具及尺度体系。压白尺在很多古文典籍中均有记载,《鲁班经》的记载比较详细且具有代表性。石牌坊的建造年代与《鲁班经》的刊行年代基本一致,地理空间上也较为接近,其原初设计尺寸符合《鲁班经》中记载的压白尺测吉凶说法。关于压白尺及其在香严寺建筑中的应用和体现,本章第六节将详述。

另外,香严寺虽地处河南,但临近湖北,建筑风格及结构做法受湖北匠作影响,这一点,韦驮殿和大雄宝殿以及藏经阁表现尤为突出。湖北东近江浙,西临川渝,其古建筑风格属南方建筑体系。从实测数据的整理中也可以看出,石牌坊的尺寸与《营造法原》中四柱三间牌楼的尺度较为接近。《营造法原》中的四柱三间牌楼为"正间开间宽一丈二尺六寸,次间宽八尺六寸,中柱高一丈六尺,两次间柱高一丈四尺,外加云冠高六尺",显然也采用了压白尺法设计,但只是直接取用一、六、八值而已。

表4.5 石牌坊丈尺还原表

位置	测绘数据/毫米	推算丈尺	误差/毫米
明间面阔	3459	一丈零八寸	−3
次间面阔	2830	八尺八寸	−14
明间柱高	5749	一丈八尺	−11
次间柱高	5160	一丈六尺一寸	−8

注:按1尺为32厘米。

① 王君荣.阳宅十书[M].北京:中医古籍出版社,2017.
② 《阴阳书》中记载:"一白、二黑、三碧、四绿、五黄、六白、七赤、八白、九紫,皆星之名也。惟有白星最吉。"白为大吉,紫为小吉,所以吉利数字为1、6、8、9。

(二)山门

寺院原有一座山门,位于第二层台地上,1992年于原址重建,2008年大规模修缮香严寺时被拆除。原山门面阔一间8.15米,进深三柱五檩6.3米,门前两侧有高1米余的一对明代石狮(图4.19、图4.20)。

图4.19 原山门(贾海林提供)

香严寺现存碑刻对上寺山门记载甚少,仅找到以下两处。清雍正六年(1728年)《重修香严古田庄碑记》记载:"鸠工于甲辰春,落成於丁未秋,大殿、方丈、厨库、山门、禅堂、钟楼、廊庑丹护黝垩鸟革翚。"另清雍正九年(1731年)《香严宝林印禅师寿塔铭》记载:"自大殿、禅堂下及山门以次修葺。"

山门又称三门。《佛地经论》中解释:寺院,持戒修道求至涅槃人居之,故由三门入,三门象征三解脱门,即空门、无相门、无作门。隋唐时期的寺院三门仅是寺院的引导性建筑。宋代开始寺院特别重视三门对寺院的影响,较大规模的寺院往往会建高大的门楼。元代寺院延续了宋代寺院的基本格局,三门是寺院不可缺少的基本配置。从元代到明代,随着金刚殿与天王殿的出现,山门的重要性不再那么突出。明清时

图 4.20　原山门侧面（贾海林提供）

期，除了因袭旧址而建的高大楼阁之外，山门一般只是一座三开间的小殿或者只有一间的门楼，起到寺院的标识与引导作用。用金刚殿与天王殿取代山门的做法也较为常见。

明代以前山门是寺院的标准配置。而从香严寺上寺与下寺的关系来看，上寺基本沿用了下寺的建筑配置。从现存的建筑关系来看，韦驮殿建在第三层台地上，石牌坊与韦驮殿之间空出一层台地。从尺度分析，第二层台地大概就是寺院早期山门所在的位置。至于其建筑形制以及创建与拆除年代，已无法考证。

（三）韦驮殿

韦驮殿（图 4.21）位于第三层台地上，建于清康熙年间，清光绪十三年（1887 年）重修。殿前有古银杏树一棵，枝叶茂密。

韦驮殿为倒座式建筑，面阔五间，进深四间，硬山式灰瓦顶，仰合瓦屋面。主体构架为五架梁（内四界）对前檐三步梁，后檐为双步梁接抱头梁（后廊步），即五柱十一檩形式。前檐明间辟木板门，两旁为青石抱框，上联为"志在春秋尼山而后一夫子"，下联为"名光日月佛国之中大圣人"，木板门上方正中横悬"香严古刹"匾额。东、西梢间

图 4.21　韦驮殿正面

前墙各有一个内方外圆、直径 3 米的大窗,窗楣上字匾东为"宏法利生",西为"祝国福民"。后檐明间、次间为透雕隔扇门,明间门楣上有"摧邪辅正"匾额。后廊排列十二根柱,鼓镜柱础,额枋、雀替雕刻莲花童子、凤戏牡丹等四十余幅图案,构思奇妙,形象逼真,造型精致。东、西檐角书写内容为四弘誓愿的禅联,"众生无边誓愿广,烦恼无尽誓愿断;法门无量誓愿学,佛法无边誓愿成"。殿内佛台和塑像早已被拆除,宽阔的室内空间供奉的是何菩萨已无从考据。在香严寺作为旅游景区开放以后,寺中僧人在殿内正中砌一堵扇面墙将明间一分为二,分别有彩塑护法神,南奉关羽,北奉韦驮。

　　韦驮殿通面阔 20.8 米,明间面阔 4.4 米,次间面阔 4.1 米,梢间柱中至山墙为3.6 米,两侧山墙及前墙厚度为 1 米。从测绘数据看(表 4.6),这座建筑明间、次间的设计逻辑不符合整数尺,强行按照整数尺进行推算,会出现较大的误差。明清官式建筑中所谓的模数制度,其目的是管控工料,制约贪腐。而民间建筑多由主人筹备材料,雇佣工人进行建筑施工,这个过程中就不存在贪腐的问题,因而模数制度在民间建筑中并不一定有很好的体现。工人为了施工方便,会形成一些约定俗成的建造规律和材料计算口诀,这些仅仅表现在建筑构件的加工过程,而面阔和进深大多是根据地形、地块酌情设计的。在没有被约束的地块,更多是采用吉利的数字确定面阔和进深。

表 4.6 　　　　　　　　　　韦驮殿开间丈尺还原表

位置	测绘数据/毫米	推算丈尺	误差值/毫米	误差率/%
明间	4400	一丈三尺八寸	16	0.4
次间	4100	一丈二尺八寸	4	0.1
梢间(至山墙中)	4100	一丈二尺八寸	4	0.1

注:按 1 尺为 32 厘米。

根据测绘数据,按 1 尺等于 32 厘米进行计算,韦驮殿无论是面阔还是进深的控制尺寸,都暗合了"压白尺"的吉利数字(表4.6、表4.7)。其中明间面阔为一丈三尺八寸,次间与梢间面阔为一丈二尺八寸。类似的尺度还出现在进深方向,从前檐墙外皮到步柱(前金柱)中同样为一丈二尺八寸,而后双步与后廊步相加之和也是一丈二尺八寸。内四界为一丈四尺八寸,后檐柱的高度同样为一丈四尺八寸。这些数字不是巧合,而是匠人在设计这座建筑过程当中的有意为之。前文已述,压白尺法的使用由来已久,根据压白尺确定的吉利尺寸并不是运用在建筑中的每一处,它主要用来控制大木构架的平面柱网尺度与高度。要强调压白的尺度控制,建筑必然会出现非整尺的面阔和进深。

表 4.7 　　　　　　　　　　韦驮殿进深丈尺还原表

位置	测绘数据/毫米	推算丈尺	误差值/毫米	误差率/%
前三步	4100(1730、1180、1190)	一丈二尺八寸	4	0.1
内四界	4734(1184、1142、1231、1177)	一丈四尺八寸	2	0.04
后双步	2420(1210、1210)	七尺六寸	12	0.5
后廊步	1660	五尺二寸	4	0.24

注:按 1 尺为 32 厘米。

在川渝地区,许多少数民族(如土家族、苗族、瑶族、侗族等)的传统穿斗建筑在建造时,都保留着一种"丈八八"的营造制度。所谓"丈八八",就是以"八"为尾数控制房屋尺度,如柱高、面阔与进深等。[①] 工匠们常用的营造口诀是"床不离五,房不离八",

---

① 袁晓菊,张兴国."丈八八"形制影响下的大木构架尺度表达——以木格倒苗寨及土家大寨传统民居为例[J].古建园林技术,2024(3):8-13.

建筑的面阔和进深甚至柱高等主要控制尺度尾数必为八。川渝传统建筑在一定程度上与湖北传统建筑相互影响。紧邻湖北的香严寺韦驮殿出现这种尺度的巧合,对我们研究建筑风格与形制的传播提供了一定的参考。

建筑的正面为倒座的形式,是砖叠涩封后檐的做法。明间正中木板门,高 3.168 米,约九尺九寸,对应九紫吉数;宽 1.850 米,约五尺八寸,对应八白吉数。① 次间各有圆窗,门与窗上都有匾额。匾额与封檐均抹白灰,匾额上有墨书题字,无落款,根据书写内容推断为近代人所作,封檐白灰上有淡墨彩画。这些做法与中原地区不太一样,与湖北北部的乡土建筑较为接近。封檐与两山墙的拔檐尺度较大,且均为白灰抹面作彩画。建筑的背面有后廊,廊两侧山墙均开有圆券门。檐柱直接支撑檐檩,因而高度数值要大于明间面阔数值。檐檩下除垫板、檐枋外又增加了平板枋和额枋,从视觉上弥补了檐柱过高的缺陷(图 4.22)。额枋及其下方的雀替均雕刻浮雕图案,做工精致。两侧山墙墀头的盘头部分约占 50%,做法非常特殊,在中原地区并不常见(图 4.23)。

图 4.22　韦驮殿背立面的平板枋和额枋等构件(张靖提供)

---

① 关于压白尺的做法,详见第六节。

图 4.23　韦驮殿山墙墀头的盘头(张靖提供)

关于韦驮殿的屋面步架,从实测数据来看,从前檐墙到后檐檩中的距离为 12.92 米,檐檩中到脊檩上皮的垂直高度为 5.16 米,由此计算出建筑的举高为 2.5:1。从三维激光扫描数据来看,整个建筑屋面较陡,没有明显举折,檐口部分由于飞椽微微上翘(图 4.24)。檩与檩之间的椽架尺度均不相等,没有明显的规律。椽架的布置基本上是根据地盘图中柱子与柱子之间的关系确定的。梁架用材较为随意,无论是单步梁、双步梁,还是三架梁、五架梁,都采用自然材料,梁下施随梁枋。瓜柱截面较小,支撑上层梁架,所有的瓜柱下部都有角背。

从上述数据及分析来看,韦驮殿的屋面步架采用的是河南西南和湖北北部传统乡土建筑"屋面分水"的做法,本书后文将详述"屋面分水"做法。

(四)钟楼

钟楼位于韦驮殿与大雄宝殿之间庭院的东部,始建于明嘉靖年间。《香严寺创修钟楼记》记载:"有楼记楼在佛殿之东,高四丈余,基广三丈,工始于嘉靖三十五年三

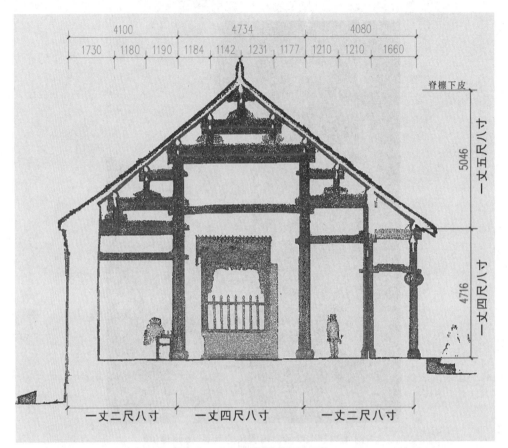

图 4.24　韦驮殿剖面点云切片

月,至三十九年九月竣事。"清康熙年间在旧址重建,"文化大革命"时期被拆除,仅存基址。现存钟楼为 2000 年之后重建。

　　钟楼基址呈正方形,坐东朝西,前檐台明高出庭院地面 0.55 米,后檐台明高出庭院地面 0.62 米。台明荒废已久,保存并不完整,实测长度为 12.66 米。台明中部原建筑金柱位置有四组巨大的正方形柱顶石,边长为 1.38 米,其上柱础为正八边形,最大宽度为 1.146 米。檐柱柱顶石同样为正方形,边长为 0.8 米,其上柱础也为正八边形,最大宽度为 0.605 米(表 4.8、图 4.25)。

表 4.8　　　　　　　　　　　　钟楼遗址丈尺还原表

位置	测绘数据/毫米	推算丈尺	误差值/毫米	压白尺
明间	5700	一丈七尺八寸	4	八白
次间	2500(2490)	七尺八寸	4	八白

续表4.8

位置	测绘数据/毫米	推算丈尺	误差值/毫米	压白尺
通面阔	10700	三丈三尺四寸	12	—
台明边长	12660	三丈九尺六寸	12	六白
内柱柱顶石	1380	四尺三寸	4	—
内柱柱础	1146	三尺六寸	6	六白
檐柱柱顶石	800	二尺五寸	0	—
檐柱柱础	605	一尺九寸	3	九紫

注:按1尺为32厘米。

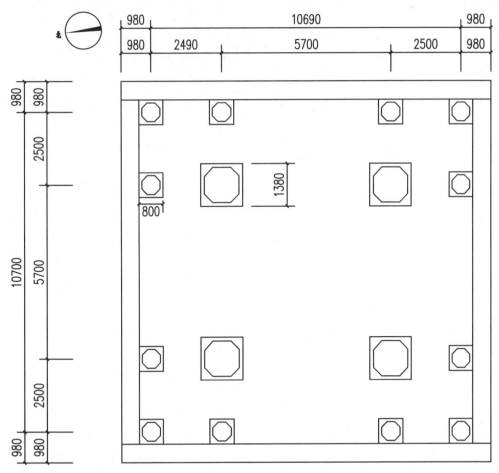

图 4.25　钟楼遗址平面图

结合实测数据与碑刻记载来看,碑刻描述的建筑尺寸并非确数,而是概数。这与碑刻的撰写目的有关,其撰写并非为了讲解工程技术,而是为了表彰功绩、纪念功德。碑文撰写者大多并不了解建筑工程,甚至有的并不是建设工程的亲历者。所以在复原过程中,这些数据仅是建筑体量大小的参考数据,而非绝对数据。

碑刻所记载的"基广三丈"应该是指两角柱之间的通面阔,即三丈三尺四寸。无论是从碑刻记载还是从基址实测数据看,"高四丈余,基广三丈"的钟楼在现存明清佛教寺院中都是体量较大的实例。自隋唐时期,钟楼就是寺院建筑中重要的组成部分,在寺院中具有举足轻重的地位。进入清代,随着寺院空间的缩小,钟鼓楼的体量也明显减小,建筑形制通常为歇山顶二层楼阁式,或下层砌砖、前檐开拱门而上层明间设隔扇门。历史较为悠久的寺院,延续早期的做法或在旧有基址上重建,平面体量较大,做成三滴水建筑(表4.9)。

表4.9　　　　　　　　　　　　　　寺院钟楼尺度与规模表

名称	时代	通面阔/米	通进深/米	建筑形制
龙门寺	清光绪八年(1882年)	3.65	3.43	一层悬山卷棚
岩山寺	清晚期	3.75	3.75	两层单檐四角攒尖
朔州崇福寺	明早期	4.1	4.1	两层楼阁单檐歇山
广胜寺	清乾隆二年(1737年)	4.62	5.27	三层单檐十字脊
北京潭柘寺	清康熙三十六年(1697年)	5.62	5.64	两层楼阁歇山
北京戒台寺	明正统十二年(1447年)	5.82	5.82	两层楼阁歇山
北京智化寺	明正统九年(1444年)	6.7	6.7	两层楼阁歇山
北京法源寺	明代	6.7	6.7	两层楼阁歇山
洛阳白马寺	明代(1991年重建)	7.3	7.3	两层楼阁歇山
汝州风穴寺	明代	8.25	8.25	三滴水歇山
正定开元寺	唐代	9.76	9.76	两层歇山
少林寺	1994年在原址重建	14.6	14.6	三滴水十字脊
显通寺	—	—	—	三滴水十字脊

从相关历史文献中看,《五山十刹图》所记载的宋代何山寺以大钟而闻名,钟楼平面呈方形,面阔三间,四重檐楼阁式,北宋普照王寺的钟楼也是四重檐楼阁式,这些都是体量较大的钟楼。明代《金陵梵刹志》中鸡鸣寺、清凉寺也是三层的大钟楼。而其

他寺院钟楼多为两层。明代《鲁班经》卷二"建钟楼格式"记载："凡起造钟楼,用风字脚,四柱并用浑成梗木,宜高大相称,散水不可太低,低则掩钟声,不响于四方。更不宜在右畔,合在左边寺廊之下,或有就楼盘,下作佛堂上作平基,盘顶结中间楼,盘心透上直见钟。作六角栏杆,则风送钟声,远出于百里之外,则为吉也。"①《鲁班经》中所描述的钟楼也是两层楼阁、三重檐的建筑形式(图 4.26)。因此,香严寺钟楼的复原参考了《鲁班经》的记载,按照所述钟楼高度,参考距离较近的荆紫关禹王宫钟楼的形制,确定香严寺钟楼为三重檐楼阁式建筑(图 4.27)。而从金柱柱顶石边长 1.38 米的体量来看,金柱直径应该很大,推测应是直通三层的通柱,与"四柱并用浑成梗木"的描述基本吻合。

图 4.26　《鲁班经》中的钟鼓楼式

①　午荣.新镌京版工师雕斫正式鲁班经匠家镜[M].李峰,注解.海口:海南出版社,2003:132.

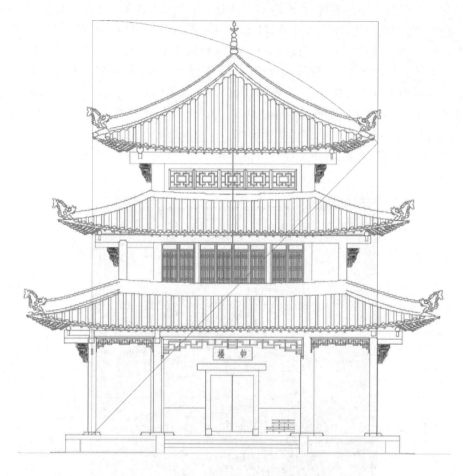

图 4.27　钟楼复原图

　　整个寺院建筑中,只有大雄宝殿和望月亭使用了较为简单的斗拱,而中轴线上的其他建筑都是没有斗拱的,因此钟楼可能也没有斗拱。但从现存基址看,下檐出达1米,推测上檐出应有 1.2～1.5 米,参考寺院藏经阁及其他建筑的做法,运用了湖北地区常见的挑梁来支撑深远的屋檐。

　　碑刻记载钟楼的高度有四丈余①,按照这一尺度,加上脊饰,通高有 15～15.5 米。由于钟楼所在的第三层台地与第四层台地高差为 2.1 米,钟楼的相对高度低于大雄宝殿,略高于大雄宝殿东侧的五观堂。如此看来,高大的钟楼在整个建筑群中并不显得突兀,古代的设计者巧妙地通过地形的高差将高大的钟楼融入整个建筑群之中。

―――――――――

　　①　通常是指大木构架的高度。

（五）大雄宝殿与接客亭

大雄宝殿是佛寺中最重要的佛殿。《妙法莲花经》称释迦牟尼为"大雄猛世尊，诸事之法王"，故"大雄"一词在佛教中代指释迦牟尼。早期的佛寺中的佛殿并没有固定的称谓。辽代的义县奉国寺、大同华严寺都有"大雄殿"匾额，南宋学者洪迈所传的《夷坚志》中也有关于"大雄殿"的记载。从史料来看，大雄宝殿的称呼开始于宋辽时期，明朝初期的寺院也存在不同的叫法，随着佛寺建筑配置的程式化，明朝中期以后，大雄宝殿就成为佛教建筑中最重要的佛殿的统称。

香严寺大雄宝殿位于寺院的第四层台地上，始建于明永乐年间，清乾隆年间重修。单檐歇山建筑，四周环廊，仰合瓦屋面，屋面正脊雕饰行龙。面阔七间，进深五间。四周环廊共立 26 根合抱大柱，柱高 4.864 米，下为鼓形柱础。明间、次间安装 12 扇六抹头雪花图案槅扇门，梢间前壁辟圆槛窗，外镶佛教故事雕砖。殿内有八根金柱直托屋顶梁架。殿内共存有 403.93 平方米清代彩色壁画，其具有重要的艺术价值。其中东、西二墙的壁画大小相同，长 16.16 米，高 9.2 米，每幅面积约 148 平方米；北墙后门两侧各有一幅壁画，面积均为 32 平方米；前檐墙内侧有 2 幅小型壁画。另外，四周墙壁上还有许多小型佛龛，龛内藏玉石、铁、木等不同材质的佛像。

大雄宝殿建筑形制非常特殊，在硬山建筑的两侧做歇山屋檐，关于香严寺的已有研究将其称为假歇山[①]或硬山回廊式建筑[②]。可以看到大雄宝殿的屋顶做法明显受到南方建筑形制和地域做法影响，与流行于江浙地区的《营造法原》中的部分说法相符。《营造法原》中有关屋顶的做法，有"其前后落水，两旁作落翼，山墙位于落翼之后，缩进建造者，称为歇山"[③]的说法，其中"歇山厅堂，其四周绕以廊轩。在边间的边贴处砌筑山墙，两边山墙外侧的廊轩上所架屋面称为落翼"。[④] 江浙地区常见的歇山顶形式与北方传统的歇山顶形式基本相同，但做法有所差异。大雄宝殿的梢间直接起山墙，山墙以外的廊间做落翼，没有北方歇山建筑的收山和出际的做法。《营造法原》中的描述是"正中间亦称正间，其余称次间，再边两端之一间，除硬山时可称边间之外，称为落翼；故吴中称五开间为三间两落翼……"[⑤]。因此，参考《营造法原》的描述，将大雄宝殿的硬山建筑配以假歇山的屋顶形制称为五开间两落翼可能更为合适。

大雄宝殿和韦驮殿不是同一时期所建，在做法与尺度上有很大的不同。在营造尺的推算上，很难找到建筑营造的设计规律。因此，可尝试分别选定 31～33.5 厘米

---

① 张卓远,王歌.豫南歇山顶建筑二式[J].古建园林技术,2011(2):12-14.
② 王歌.豫南地区歇山顶建筑浅议[J].文物建筑,2010(0):71-74.
③ 姚承祖.营造法原[M].张至刚,增编.刘敦桢,校阅.北京:中国建筑工业出版社,1986:37.
④ 侯洪德,侯肖琪.图解《营造法原》做法[M].北京:中国建筑工业出版社,2014:47.
⑤ 姚承祖.营造法原[M].张至刚,增编.刘敦桢,校阅.北京:中国建筑工业出版社,1986:37.

之间作为营造尺的大小,换算出不同营造尺下的丈尺数目,然后结合建筑中的梁枋等较为规矩的构件进行验证,从中找出最适合的营造尺度(表4.10)。

表 4.10 　　　　　　　　　　　　　　　　　**大雄宝殿营造尺推算表**

位置	测绘数据/毫米	推算丈尺(31.7)/寸	推算丈尺(32)/寸	推算丈尺(32.3)/寸	推算丈尺(32.6)/寸	推算丈尺(32.8)/寸	推算丈尺(33.2)/寸
廊间	1760	56	55	54	54	54	53
梢间	4480	141	140	139	138	137	135
次间	4640	146	145	144	142	141	140
明间	5650	178	177	175	173	172	170
通面阔	27410	865	857	849	841	836	826
通进深	20700	653	647	641	635	631	623

从这组数据中可以看出,按照1尺等于33.2厘米来计算,虽然它的误差不是最小的,但是建筑的面阔进深尺寸规律是最为清晰和明显的。但是将这个数据与建筑的构件尺寸对照,就会产生较大的误差。不排除这座建筑使用了两个完全不同的营造尺度的可能,也就是说建筑的基础和建筑的构架不是同一时期的产物。如果按照1尺等于32厘米来计算,那么次间、梢间和廊间的尺度规律也是非常明显的,但明间面阔一丈七尺七寸无法得到合理解释。从压白尺的角度来看,按照1尺等于31.7厘米推算出来的各间丈尺最符合压白关系,与建筑构件的误差也相对较小。因此这里采用1尺等于31.7厘米的营造尺度(表4.11)。

表 4.11 　　　　　　　　　　　　　　　　　**大雄宝殿丈尺还原表**

位置		测绘数据/毫米	推算丈尺/寸	误差值/毫米	压白尺
面阔方向	东廊间	1760	56	15	六白
	东梢间	4480	141	10	一白
	东次间	4640	146	12	六白
	明间	5650	178	7	八白
	西次间	4640	146	12	六白
	西梢间	4480	141	10	一白
	西廊间	1760	56	15	六白
	通面阔	27410	865	10.5	—

续表4.11

位置		测绘数据/毫米	推算丈尺/寸	误差值/毫米	压白尺
进深方向	北廊间	1760	56	15	六白
	北次间	4380	138	5	八白
	明间	8420	266	12	六白
	南次间	4380	138	5	八白
	南廊间	1760	56	15	六白
	通进深	20700	653	—	—

大雄宝殿建筑前檐明间、次间均有槅扇门,两梢间开圆窗,后檐仅明间有槅扇门,进深方向有五间用六柱,基本构造为七架梁对前后三步梁外接前后单步廊,东西两侧山墙及两侧廊用中柱。前后檐柱侧角较为明显,测量数据为22～25毫米,约0.7～0.8寸,东西两侧檐柱侧角不明显。檐檩下皮的标高为5.69米,即一丈七尺八寸,与明间面阔的尺寸相当。檐口飞椽上皮标高为5.417米,同样没有取一丈七尺的整数尺,而是一丈七尺一寸的压寸白之数。

整座建筑的柱子、梁架均采用自然材料。梁的用材较小,所有梁下都设随梁。梁与梁之间用瓜柱支撑,瓜柱无论位置均施角背。檐柱头上有额枋及平板枋,上置异形斗拱,斗拱较为简单,不出跳,整体呈"米"字形,有出45°斜拱,拱身雕刻龙头或卷草纹。明间、次间、梢间各设平身科二攒,均施彩画(图4.28)。额枋、雀替透雕二龙戏珠、凤凰戏牡丹及山水花鸟图案。周围廊地面泛水较为明显,坡度在3.1%～3.8%之间。

大雄宝殿的屋面折线并不明显,分析三维激光扫描数据,发现其并不符合清官式建筑中的"举架"和《营造法原》中的"提栈"等做法,更近似于"屋面分水"的做法(图4.29)。下金檩以下到檐檩为平水,没有折线关系,将这条连线延长(这里把它定义为坡度基准线),按照基准线推算屋面的坡度应该是"五分八水",与清式之"五八举"相同。上金檩在屋面坡度基准线上翘起一寸,脊檩则是在上金檩起翘的基础上再翘起一寸。这里得到两个非常有意思的数据,第一个是基准线与建筑中线的交点标高为11.730米,换算营造尺为三丈七尺的整数尺[①]。第二个是从檐檩上皮至翘起后的脊檩上皮,垂直距离为一丈八尺八寸,正好对应前文提到的"丈八八"或者"压白尺"做法的尺度。基准标高取整数尺是为了方便施工,而调整以后的脊檩的上皮标高则更多的是为求吉利数字。这样在基准坡度上翘起而不是下折的做法,和深圳大学乔讯翔

---

① 大雄宝殿的营造尺取值为1尺等于31.7厘米。

图 4.28 大雄宝殿正面斗拱（吴希提供）

在《贵州铜仁地区穿斗架营造技艺》一文中介绍的铜仁地区普通民居屋顶"金字水面"的做法近似，这种屋面上陡下缓，上下分水大小不同。"金字水面"的设计方法是先举后翘，通过进深确定屋顶的高度，确定屋顶是"五分四水"或者"六分五水"，画出基本坡度线，然后抬高檐檩和脊檩，形成"两头翘"的屋面①。不同的是，香严寺大雄宝殿檐口部分没有刻意进行起翘，只有安装飞椽而形成的起翘。

接客亭，又称过厅，清光绪五年（1879 年）重修，是一间两落翼的歇山建筑，进深四架椽，前后单步廊，檩下全部用柱，仰合瓦屋面。厅内脊枋上墨书"大清光绪五年三月"，并绘有八卦图案。厅内有青石踏跺 15 级，拾级而上为大雄宝殿前宽大的月台，月台东西两侧有清代石碑两通，古柏数棵。接客亭为进入大雄宝殿的过渡空间，整个建筑小巧玲珑，匠心独运。前文已述，接客亭其实是大雄宝殿的补充建筑，弥补高大的台地造成的大雄宝殿形象的缺失，同时还具有"纳陛"的功能和象征性，体现了香严寺的皇家色彩。

通过对测绘数据的分析，可以发现接客亭的设计看似简单，实则经过深思熟虑。接客亭通面阔为一丈六尺，东西两侧各向内缩进三尺三寸。进深方向的设计非常耐

---

① 乔迅翔.贵州铜仁地区穿斗架营造技艺[J].文物建筑,2019(0):16-28.

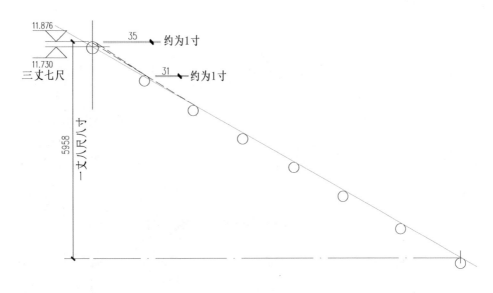

图 4.29 大雄宝殿"屋面分水"关系

人寻味,采用的椽架长四尺,为四架椽屋加前后廊的结构,南北两侧廊为2.2尺,通进深1.64尺。以1.65米的人体视线高度进行观察,将接客亭的第一个台阶的外沿线中点与接客亭北侧额枋下皮的连线进行延长,正好到达大雄宝殿的檐口高度;将接客亭的最上层台阶(也就是北侧第三排柱轴线的中点)与额枋下皮的连线进行延长,正好到达大雄宝殿正脊的高度,接客亭北檐柱中线透过大雄宝殿门中槛正好到达佛像头顶背光的高度(图4.30)。同样,从平面图来看,接客亭最底层台阶的外边沿线中点与接客亭北侧明间的檐柱和大雄宝殿明间檐柱在同一条直线上。而最上层台阶中心点与接客亭北侧明间的檐柱的连线,正好与大雄宝殿次间檐柱外侧在一条直线上(图4.31)。按照常规做法,东西两侧的廊深与南北两侧的廊深应该一样,这样才可以使角梁呈45°夹角,但是设计者为了达到上述视觉效果,采用了南北廊深2.2尺、东西廊深3.3尺这种不寻常的做法,使得简单的歇山四角亭变得复杂。由此可见设计接客亭时,设计者并未简单套用常规做法,而是在地盘图和侧样图中进行了反复推敲。

接客亭屋面举折较为明显(图4.32),通过下金檩与上金檩的连线,可以看出屋面的基准坡度线为"七分水"。分析测绘数据,基本上能够推测出建筑屋面的设计逻辑。首先,按照标高一丈六尺确定上金檩的位置(所有檩中只有上金檩上皮标高为整数尺,并且误差极小)。然后,以上金檩为轴心,画出"七分水"的屋面坡度基准线,檐檩上翘起0.75寸,脊檩翘起3.5寸,使脊檩中心到地面的高度为一丈八尺八寸,这又是一个对应"丈八八"或"压白尺"做法的尺度。

图 4.30　接客亭和大雄宝殿视线关系图

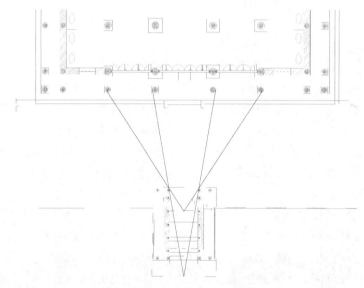

图 4.31　接客亭和大雄宝殿视线关系图

（六）望月亭

望月亭，又称礙月轩、指月处、击竹亭、宣宗殿，清雍正十三年（1735 年）重修，是从第四层台地的拜佛、礼佛空间进入第五层台地上以法堂为中心的弘法空间的过渡型建筑（图 4.33、图 4.34）。建筑体量不大，但造型很别致，整体为面阔三间的硬山建筑，进深三间，室内四根金柱向上延伸撑起一间三檩的悬山屋面，上覆灰色筒板瓦，一层檐下置五踩计心斗拱，二层檐下置五踩斗拱，内檐偷心，主体构架为三架梁对前后单

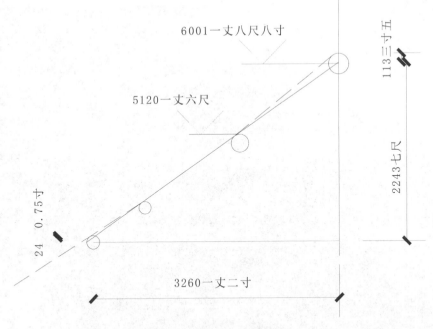

图 4.32 接客亭屋面举折图

图 4.33 望月亭正面

图 4.34　望月亭背面

步梁。一层前后金柱与前后檐柱之间有木板吊顶,两金柱之间做三步架的鹤颈轩,轩梁做成月梁(图 4.35)。梁上有包袱式雕刻,包袱心雕刻一小佛像,边缘雕刻卷草纹。月梁下有栌斗,栌斗上有横拱加替木支撑轩檩,与月梁呈垂直交接。栌斗下有角背,雕刻卷草纹。两次间有方窗,棂心为步步紧,窗下为障水板。两金柱间安装四扇六抹槅扇门,使得明间后方一个步架形成门斗空间,鄂西、川渝地区称之为"檐窝"或"吞口"。后檐无门窗,山墙两侧各有一撇山影壁。

望月亭虽然体量不大,却是整座寺院里唯一使用出跳斗拱的建筑,也是香严寺建筑群中唯一一座使用筒瓦屋面的建筑,由此可以看出这座建筑的规格等级和其他建筑是不一样的。建筑的东侧 6 米处有刻于清雍正十三年(1735 年)的《重修宣宗皇帝殿碑记》,因此人们普遍认为望月亭就是宣宗皇帝殿。但令人奇怪的是,这座建筑从构造上看并不是一座殿厅式建筑,仅以门庭的形式存在,没有放置塑像和佛像的空间,也不能印证寺院碑文中所记载的宣宗皇帝是寺院护法的传说。和香严寺中的很多建筑一样,民国时期以来这座千年古寺在很长时间里并没有被作为宗教道场使用,与其相关的传承和记载也并不完整,所以大多数建筑的名称及功能的考证都存在一

图 4.35　望月亭内部轩梁(张袁酉提供)

定的困难。唐宣宗作为香严寺历史上最重要的人物之一,理应有其单独的塑像和祭拜空间。

望月亭平面呈长方形,面阔进深比例约为 3∶2。从平面尺度来看面阔方向不论明间还是次间均采用了压白的手法(表 4.12)。

表 4.12 **望月亭丈尺还原表**

位置		测绘数据/毫米	推算丈尺/寸	误差值/毫米	压白尺
面阔方向	东次间	1850	58	6	八白
	明间	2800	88	16	八白
	西次间	1850	58	6	八白
	通面阔	6500	204	28	—
进深方向	北廊间	1100	34	−12	—
	明间	1800	56	−8	六白
	南次间	1100	34	−12	—
	通进深	4000	124	−32	—

（七）法堂

早期的寺院在大殿之后设置法堂，法堂的设置最早在东晋时期就已经出现了，隋唐以后的寺院建筑基本上都配置法堂。唐代，随着禅宗的发展，法堂在寺院中的地位得到了进一步强化，已成为较为固定的寺院建筑之一。这一配置模式对寺院格局的影响一直持续到明清时期。随着寺院建筑配置的程式化，法堂成为整个寺院建筑群里仅次于大雄宝殿的重要建筑。但实际上从明代开始，许多寺院似乎已经不再设置法堂，《金陵梵刹志》中所记载的寺院建筑大多没有设置法堂，仅几座小型寺院依然有法堂，这也说明中唐以后禅宗寺院所提出的"不立佛殿，唯树法堂"观念，在流行了数百年之后逐渐式微。在香严寺的建筑中，法堂延续了早期寺院的一些特点，依然是整个寺院中除了大雄宝殿之外最重要的建筑。这一点和香严寺作为禅宗寺院的传承有很大的关系，明清以后其他派别的佛教建筑中法堂并不是不可或缺的建筑，而在禅宗寺院中，法堂依然是最重要的建筑之一。

香严寺法堂位于第五层台地的北侧，与望月亭相对而望。穿过望月亭，沿着青石甬道前进，即可步入法堂（图 4.36）。法堂于清乾隆三十四年（1769 年）重修，单檐硬

图 4.36　法堂正面（罗星宇提供）

山建筑,面阔五间,进深三间,插梁式梁架,明间七架椽前廊用四柱,梢间七架椽前廊用五柱。台基高 1.82 米,前出十级踏跺。明间辟一后门,可直达藏经阁,堂内供奉笑口弥勒佛像。上覆仰合瓦,直接将仰瓦放置于屋面椽条之间,将盖瓦盖在两仰瓦之间的缝隙上,这种做法在川渝地区叫作"冷摊瓦"。

　　法堂的结构为七架椽出前廊形式,前檐为单步梁,与单步梁对称的是七架接尾梁,外加挑托梁,其上依次承托挑檐枋和挑,形成较大的檐下空间,两侧排山架梁中柱落地。整体构造为插梁做法,即柱子直接呈檩,梁插入柱头中,梁上再承柱(图 4.37)。孙大章先生在《中国民居研究》中对"插梁式"构架有如下定义:"插梁式构架的结构特色既是承重梁的梁端插入柱身(一端插入或两端插入),与抬梁式的承重梁顶在柱头上不同,与穿斗架的檩条顶在柱头上,柱间无承重梁,仅有拉结用的穿枋的形式也不同。"[①](图 4.38)插梁造同时具备抬梁式建筑和穿斗建筑的特点。抬梁的特点是承重梁直接压在柱上端,仅靠馒头榫连接,整体的稳定性不如插梁做法;穿斗的特点是柱

图 4.37　法堂内部的插梁做法

① 孙大章.中国民居研究[M].北京:中国建筑工业出版社,2004:307.

上安放檩条,将屋面荷载传递给柱,柱子用材一般较小,用柱较密,在一定程度上会影响室内空间的使用,柱与柱之间用穿枋连接,但穿枋不承重,只起到连接的作用,在河南南部、湖北北部以及四川北部的南北交界处较为常见。也可这样理解,插梁做法其实就是从抬梁向穿斗的一种过渡,南方建筑中体量较大的厅堂建筑也常采用这种做法。香严寺地处河南、湖北交界地带,更多地受湖北北部、西部建筑形式的影响,大多数现存建筑采用的是插梁做法。

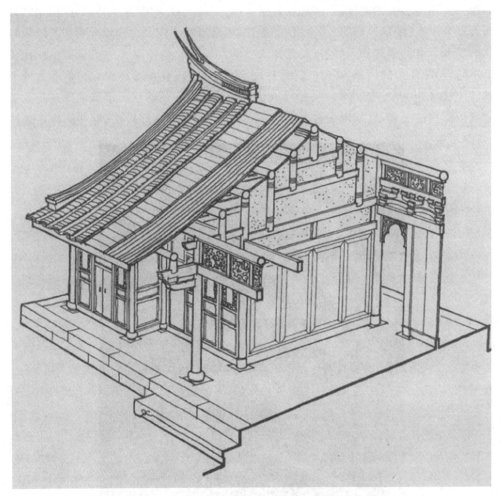

图 4.38　插梁构架示意图①

　　① 孙大章. 中国民居研究[M]. 北京:中国建筑工业出版社,2004.

法堂的两梢间用楼板分为上下两层,下层供僧人居住,上层是储物空间。这种做法在豫西南山地西峡、淅川地区民居中较为常见。

关于法堂营造尺的测算,分别采用 1 尺等于 31.7、32、32.2、32.4 厘米等换算尺度进行计算,寻找数据之间的规律,结合穿插枋、中槛、随梁等制作较为规整的构件进行验证,最后确定 1 尺等于 32.2 厘米为法堂的原始营造尺。从表 4.13 中可以看出,法堂建筑设计中,面阔方向明间、次间所采用的都是一丈二尺一寸,符合压白尺度,而梢间则为一丈一尺的整数尺,通面阔五丈八尺三寸,进深方向尺度规律不明显。整体梁架多采用自然材料,步架间尺度不相等。

表 4.13　　　　　　　　　　　法堂丈尺还原表

位置		测绘数据/毫米	推算丈尺/寸	误差值/毫米	压白尺
面阔方向	东梢间	3537	110	5	—
	东次间	3893	121	3.2	一白
	明间	3912	121	−15.8	一白
	西次间	3905	121	−8.8	一白
	西梢间	3539	110	3	—
	通面阔	18786	583	−13.4	
进深方向	北次间	1356	42	−3.6	—
	明间	4930	153	−3.4	
	南次间	1598	50	12	
	通进深	7884	245	5	

檐檩与金檩连线延长至中线,就是屋面的坡度基准线。坡度基准线与中线的交点到檐檩中点的垂直距离正好是八尺,到地面的距离为一丈九尺八寸。根据进深尺度推算出屋面的分水为六分四水。脊檩上翘两寸,翘起以后脊檩标高为两丈,和大雄宝殿一样檐檩没有上翘。

(八) 藏经阁

藏经阁处于第七层台地上,位于整个寺院最北端,建于清乾隆年间。面阔七间,进深三间,二层楼阁式硬山建筑,是整个建筑群中面阔最大的建筑,也是最高的建筑。一层有前廊,两侧各有圆券门与前廊相连。明间、次间安装 12 扇六抹头槅扇门,两梢间辟有方窗,走马板上均有彩画,题材丰富,有降龙伏虎神话故事和山水花鸟等。两梢间各有一夹层作为楼梯间转身台,楼上原供奉千手千眼佛像,楼下供奉元始天尊像。

藏经阁室内空间较为开阔,明间内柱后移一个步架留出佛台的空间,接近移柱法,明间两缝梁架形成四架梁对后双步梁,前檐抱头梁挑出承挑檐檩。次间梁架为三步梁对三步梁,前檐抱头梁挑出承挑檐檩。东梢间为楼梯间,有暗层,前沿挑梁下均有撑拱,撑拱形似雀替,雕刻内容多样,下层多为卷草纹,上层有鱼龙、凤凰、狮子等形象。

藏经阁的平面设计规律较为明显。两次间与两梢间,面阔分别为一丈一尺八寸和一丈零八寸,进深方向两内柱之间的距离为一丈一尺八寸,与次间面阔一样,均采用压白尺法。而明间面阔则采用了整数尺的方法。立面上,一层挑檐檩中点到地面的距离是一丈二尺八寸,二层挑檐檩中点到地面的距离是二丈二尺八寸,同样采用压白尺法(表4.14)。屋面分水为"六分六水",脊檩上翘二寸五分,檐檩上翘两寸,中间三条檩在同一水平线上。与轴线上其他建筑不同,藏经阁的梁架均不用角背,直接用瓜柱呈檩,梁架结构同样采用插梁的构造形式(图4.39)。

表4.14　　　　　　　　　　　　　　　　藏经阁丈尺还原表

位置		测绘数据/毫米	推算丈尺/寸	误差值/毫米	压白尺
面阔方向	东梢间	3463	108	−7	八白
	东再次间	3820	120	20	整数尺
	东次间	3805	118	29	八白
	明间	3842	120	−2	整数尺
	西次间	3762	118	14	八白
	西再次间	3812	120	−14	整数尺
	西梢间	3446	108	10	八白
	通面阔	25950	8110	2	整数尺
进深方向	廊步	1287	40	−7	整数尺
	内三界	3772	118	4	八白
	后三步	3850	120	−10	整数尺
	通进深	8909	278	−13	八白

注:按1尺为32厘米。

图 4.39　藏经阁内的插梁做法

(九) 文殊殿与普贤殿

宋辽时期,寺院中已经有将菩萨殿作为寺院配殿的做法。明清时期,多数寺院设置有文殊殿,在主体建筑的左右两侧,而普贤殿的设置并不多见。

文殊殿和普贤殿(表 4.15)位于第六层台地上,是藏经阁院落的左右配殿。与藏经阁相似,建筑前方都有较为宽大的台明,将整个院落划分为不同标高的两个空间,显得院落更加紧凑。

文殊殿为清代建筑,位于藏经阁前东侧,坐东朝西,与普贤殿对称。面阔五间,进深三间,单檐硬山式,小青瓦屋面,抬梁与穿斗式相结合的梁架结构,明间用四架梁,梁上为插梁式结构,次间用前后金柱插梁式结构,排山梁架用中柱,前廊用抱头梁,台基高 1.5 米,前出八级踏跺。殿内供奉文殊菩萨及童子塑像。

普贤殿为清代建筑,位于藏经阁前西侧,坐西朝东,与文殊殿对称。面阔五间 18 米,进深三间 5.4 米,单檐硬山式,小青瓦屋面,穿斗式梁架结构,明间、次间四架三柱前带廊,山面设中柱,台基高 1.3 米,前出八级踏跺。殿内供奉普贤菩萨塑像。

表 4.15 文殊殿与普贤殿丈尺还原表

位置			测绘数据/毫米	推算丈尺/寸	误差值/毫米	压白尺
文殊殿	面阔方向	北梢间	3454	108	2	八白
		北次间	3455	108	1	八白
		明间	4020	126	12	六白
		南次间	3455	108	1	八白
		南梢间	3454	108	2	八白
	进深方向	前廊	1400	44	8	—
		中三架	3770	118	6	八白
		后廊步	840	26	−8	六白
普贤殿	面阔方向	北梢间	3454	108	2	八白
		北次间	3455	108	1	八白
		明间	3790	118	−14	八白
		南次间	3455	108	1	八白
		南梢间	3454	108	2	八白
	进深方向	四架梁	4066	127	−2	—
		前廊步	1372	42	5	—

(十) 禅堂与祖堂

禅堂为清代建筑,为香严寺历代禅师深造修行的地方,位于法堂东侧,坐北朝南。

面阔三间 10.05 米，进深两间 7.02 米，单檐硬山式，小青瓦屋面，插梁式梁架结构，八架用四柱前带廊，台基高 1.4 米，前出八级踏跺。

祖堂为清代建筑，位于法堂西侧，坐北朝南。面阔三间 11.5 米，进深两间 7.85 米，单檐硬山式，小青瓦屋面，插梁式梁架结构，八架用四柱前带廊，台基高 1.4 米，前出八级踏跺。堂内供奉历代禅师灵位。

（十一）观音殿与菩萨殿

观音殿和菩萨殿在香严寺的第五层台地上，是以法堂为中心的弘法空间的左右配殿。其面阔和进深数值都要大于藏经阁院落的左右配殿，即文殊殿和普贤殿。

观音殿为清代建筑，位于禅堂前东侧，坐东朝西。面阔七间，进深三间七架椽用四柱前带廊，五架梁前接抱头梁，后接双步梁，插梁式结构。室内供奉观音、龙女、马头明王以及和合二圣佛像。屋架用材较为随意，无论是五架梁、双步梁还是单步梁，采用的都是自然材料，并且用材尺寸基本相同，如三架梁与五架梁都采用直径 200 毫米的自然材料，并没有根据承重的不同采用不同截面尺寸的自然材料。与中轴线上的建筑不同，梁下边都不用随梁。檩的截面较小，脊檩采用的是三重檩相叠的做法，其他的都为双檩相叠，瓜柱两侧不用角背。前坡屋面短，后坡屋面多出一个步架，在一定程度上扩大了室内空间。屋面举折不明显，屋面的基准坡度为"六分九水"，前檐檐檩没有上翘，脊檩上翘 1.5 寸。

菩萨殿为清代建筑，位于禅堂前西侧，坐东朝西，单檐硬山式，小青瓦屋面。面阔七间，进深三间七架椽用四柱前带廊，五架梁前接抱头梁，后接双步梁，山面设中柱，穿斗式梁架结构。台基高 1.12 米，前出六级踏跺。室内供奉地藏菩萨、天大将军、四大金刚和大势至菩萨。

菩萨殿与观音殿相对而立，但两座建筑并不对称，菩萨殿前檐台阶比观音殿少一级，檐口高度低于观音殿。堪舆风水学中，根据方位将建筑分为"左青龙，右白虎，前朱雀，后玄武"，青龙是东方即左边，白虎是西方即右边，民间有"宁让青龙高万丈，不让白虎抬头望""白虎压青龙，代代有人穷"等诸多说法，强调左侧要高于右侧[①]。在豫西南地区民居建筑中，位于左侧青龙方的建筑一般都会略高于右侧白虎方的建筑，例如河南省级文物保护单位南阳市杨家大院[②]，整座院落坐西朝东，位于左侧的北厢房比位于右侧的南厢房高出 2～3 寸[③]；又如南阳城北磨山脚下的谢家老宅，同样是

---

① 此处的左右是面向建筑的主要朝向时的左和右，如建筑坐北朝南，左侧即为东侧，右侧即为西侧。
② 为南阳名士杨鹤汀的故居、著名建筑大师杨廷宝先生的祖宅，杨廷宝为杨鹤汀之子。
③ 当建筑坐西朝东时，左侧即为北侧，右侧即为南侧。

东侧厢房高于西侧厢房。不同的是大多数建筑只是调整檐口的高度,并没有调整台明的高度。

(十二) 斋堂、僧堂及西客堂

斋堂,也称五观堂,是用膳的地方。中国的僧徒吃饭有一定的规矩,即上斋堂用餐,又称上堂、赴堂,有别于印度僧徒之托钵乞食。依据常规,自方丈到沙弥,全体皆到斋堂用餐。

斋堂为清代建筑,单檐硬山式建筑,小青瓦屋面。面阔七间,进深八架椽用五柱,前檐为两个单步梁,后檐为双步梁,中间为五架梁,两侧排山梁架中柱落地,整体构架为插梁造。前后檐不对称,后檐檐檩略高于前檐檐檩。台明高 1.479 米(合四尺七寸),檐口高 3.92 米(合一丈二尺三寸),檐口距离室外地面的高度正好一丈七尺,脊檩上皮标高 7.297 米(合二丈二尺八寸)。屋面基准坡度为"六分六水",脊檩与檐檩均未发现上翘的现象,这一点和韦驮殿较为相似。

东僧堂,位于斋堂的南侧,为寺内人员居住之所。单檐硬山式建筑,小青瓦屋面。面阔四间,进深与斋堂相似,八架椽用五柱,前檐为两个单步梁,后檐为双步梁,中间为五架梁,两侧排山梁架中柱落地,整体构架为插梁造。其中北梢间是通往偏院的过道。台明高为三尺,檐口高一丈,前后檐不对称,后檐抱头梁挑出呈挑梁,承托后檐挑檐檩。

西僧堂为清代建筑。面阔五间,进深六架椽,五架梁对前檐抱头梁,后檐金檩下有瓜柱落于五架梁上,而前檐金柱直接承托下金檩,柱间有穿梁拉结,除五架梁外,其他檩、柱、梁用材较小,脊檩同样采用双檩承重的做法。台明高 1.14 米(合三尺六寸),檐口高 3.07 米(合九尺六寸),建筑台明明显低于五观堂,檐口到室外地面的高度为一丈三尺二寸,总体檐口高度比五观堂低了三尺八寸,同样符合青龙高于白虎的原则。屋面基准坡度为六分水,不同于五观堂的是,脊檩上翘 6 寸,是整个香严寺建筑中脊檩上翘最多的建筑。脊檩上皮标高 5.947 米(合一丈八尺六寸),由此可见在脊檩上翘之前的设计标高应该是一丈八尺。

西客堂,位于西僧房的南侧,中间有圆券门相连。从构架上看应该是两层的楼阁式建筑,但楼板已经佚失。面阔四间(包含一间杂物间),进深六架椽用五柱,前檐为两个单步梁,后檐为双步梁,中间为三架梁,两侧排山梁架中柱落地,整体构架为插梁造。前后檐不对称,后檐檐檩略低于前檐檐檩。台明高 0.614 米(合一尺九寸),檐口高 3.543 米(合一丈一尺一寸),檐口距离室外地面的高度正好一丈二尺,相较西僧堂檐口低一尺二寸。主梁上皮距离地面仅有七尺,截面尺寸较大。屋面基准坡度为"五分三水",脊檩上翘 3 寸,脊檩上皮标高 5.414 米(合一丈六尺九寸),由此可见在脊檩上翘之前的设计标高应该是一丈六尺六寸。

(十三)静养院

静养院在香严寺主轴线的东侧偏北方向。静养院大门为清代建筑,倒座形式。单檐硬山式建筑,小青瓦屋面。面阔六间共 20.74 米,中间设门楼,进深二间共 3.44 米,用三柱五檩,后檐用单步梁,前檐设挑梁,插梁式梁架结构,两侧房屋进深一间共 3.44 米,设五架梁,梁上仍用插梁式结构。

静养殿为静养院的主体建筑,为清代建筑。单檐硬山式建筑,小青瓦屋面,抬梁与插梁式相结合的梁架结构,面阔五间共 17.99 米,进深三间共 6.34 米,明间设五架梁对前后单步梁,用四柱七檩,次间及排山梁架用五柱七檩六架椽,次间与梢间之间设木隔断,前带廊宽 1.61 米,台明高 1.35 米,前出七级踏跺。

(十四)其他附属建筑

1. 望月亭东、西掖门

东掖门为清代建筑,位于望月亭东侧、斋堂西侧。面阔一间 2.79 米,进深二间 2.68 米,用二柱三檩,硬山式建筑,东山墙开券门通斋堂。

西掖门为清代建筑,位于望月亭西侧、西僧堂东侧。面阔一间 2.79 米,进深一间 2.68 米,用二柱三檩,硬山式建筑,西山墙开券门通西僧堂。

2. 二层木阁楼

二层木阁楼为清代建筑,位于第三层台地上,北侧为东僧堂,南侧为钟楼。地势的高差使得位于第四层台地的东僧堂显得较高,而南侧的钟楼也是较为高大的建筑,因此建成此二层楼阁式建筑,作为二者之间的过渡。这座建筑目前没有其他的实用功能,主要用于存放杂物。整体面阔一间 3.7 米,进深 7.42 米,前廊宽 0.87 米,二层为木楼板,用五柱九檩,八架椽前带廊,插梁式硬山建筑,小青瓦屋面。一层中间设木隔断,将室内划分为两个空间。

3. 接客亭东、西掖门

东掖门为清代建筑。面阔一间 2.7 米,进深一间 1.27 米,中间设板门,单檐硬山式建筑,前檐设踏步十七级。

西掖门也为清代建筑,形制、大小等与东掖门基本相同。

4. 东客堂

东客堂为清代建筑,位于钟鼓楼遗址南、韦驮殿东北。面阔两间,坐东朝西,单檐硬山式建筑,小青瓦屋面,南北长 8.71 米,东西宽 9.79 米,前廊宽 1.69 米,为五柱六架椽前带廊式梁架结构,台基高 0.33 米,前出二级踏跺。

5. 牲畜房

牲畜房为清代建筑。面阔四间 13.36 米,进深三间 5.34 米,单檐硬山式建筑,小青瓦屋面,三柱四架椽插梁式梁架结构,中间梁架用前金柱四架三柱,设三架梁、四架梁,两山则设中柱,用三柱二穿。

6. 碾坊

碾坊为清代建筑。面阔六间 18.54 米,进深二间 4.98 米,为单檐硬山式建筑,小青瓦屋面,插梁式梁架结构,中间两间用二柱,设五架梁,前檐设挑梁,两侧房间山面设四柱,用六檩五架椽,另一缝设三柱,用六檩五架椽,前檐设挑梁。

7. 磨坊

磨坊为清代建筑。面阔两间共 6.95 米,进深二间共 4.7 米,为单檐硬山式建筑,小青瓦屋面,插梁式梁架结构。两山面设中柱,用三柱两穿四架椽,中间用后金柱,为三柱五檩四架椽结构形式。

8. 仓库

仓库为清代建筑。面阔九间共 30.87 米,进深二间共 6.16 米,前廊宽 1.66 米,为单檐硬山式建筑,小青瓦屋面,北山面设中柱,用五柱十檩九架椽,其余梁架用四柱十檩九架椽,均为插梁式梁架结构。

9. 厨房

厨房为清代建筑。面阔三间共 10.84 米,进深一间共 5.1 米,单檐硬山式建筑,小青瓦屋面,插梁式梁架结构,设五架梁,用二柱五檩四架椽。

10. 账房

账房为清代建筑。面阔三间共 10.72 米,进深二间共 5.27 米,前廊 1.23 米,单檐硬山式建筑,小青瓦屋面,插梁式梁架结构,前檐设檐柱、金柱,中间设中柱,二层用三柱六檩五架椽,两次间设二层,二层部分与明间用木隔断隔开。

整体来说,香严寺各单体建筑体现了非常丰富的建筑做法,既有北方的官式做法,也有南方,尤其是湖北的做法,同时也有本地的做法。从风格特点来看,香严寺建筑受到明清时期河南地区地方建筑做法的影响较小,基本风格更偏向于鄂西北地区。从梁架的特点来看,香严寺建筑群的插梁做法,更接近穿斗式建筑的特点,柱子与梁的用材较小,内柱较多,穿梁的承重能力相对较弱,更多的是起到拉结的作用。黄河以南地区如许昌、平顶山等地的民居建筑中,也存在大量的插梁式建筑,但从其构造特点与用材来看,更偏向于抬梁式建筑,用材较大,且结构上多采用檐柱加金柱的组合。从屋面做法来看,香严寺多采用屋面分水的做法,与举折、举架和提栈均不相同。

六、香严寺建筑营造规律

(一)建筑平面设计规律:压白尺

由于时代不同,香严寺主要建筑平面设计规律也不尽相同。香严寺中轴线上主要建筑平面的设计规律,大约呈现两种模式:第一种以整数尺为基本模数;第二种则是建立在"压白尺"基础上的、以吉利数字进行控制的建筑设计方式。

关于"压白尺",最早的文献记载应该来自唐代的《阴阳书》,"一白、二黑、三碧、四绿、五黄、六白、七赤、八白、九紫,皆星之名也,唯有白星最吉。用之法,不论丈尺,但以寸为准,一寸六寸八寸乃吉。纵合鲁般尺,更须巧算,参之以白,乃为大吉。俗呼谓之'压白'。其尺只用十寸一尺"[①]。也就是说,数字 1、6 和 8 对应的是"白星",所以是吉利的,当尺度为这几个数字时,便是"压白",当然,也要配合鲁班尺[②]一起使用。明代午荣所编的《鲁班经匠家镜》(即通常所说的《鲁班经》)中有一首《曲尺诗》:"一白惟如六白良,若然八白亦为昌。但将般尺来相凑,吉少凶多力主央。"清代李斗著有《工段营造录》一书,原载于《扬州画舫录》,书中也讲到曲尺及压白尺:匠者绳墨,三白九紫,工作大用日时尺寸,上合天星,是为压白之法。[③] 明清时期,紫星也被纳入了吉星的范畴,9 随之也成为吉利的数字,所以"压白尺"又被称为"紫白尺"。[④] 古代的匠师一般采用"尺白"或者"寸白"的方法确定建筑物的空间尺度,即尺的大小或寸的大

① 陈元靓.事林广记・辛集卷上・算法类・飞白尺法[M].北京:中华书局,1992:203.
② 即鲁般尺。
③ 胡金.《工段营造录》研究[D].南京:南京工业大学,2012.
④ 牛晓霆,王逢瑚,曹静楼.压白尺考[J].古建园林技术,2012(1):13-19.

小要压白。一般来讲,重要的尺度都要压白,比如说脊檩的高度、檐口的高度、明间面阔或者建筑的通面阔等。

程建军先生在《风水解析》一书中谈到,压白尺流布的区域主要包括粤东、闽南、浙江、江苏、安徽、台湾等地[①]。《鲁班经》中也记述了关于压白尺的方法,郭湖生教授在《中国建筑技术史》中谈到《鲁班经》的流布大致在安徽、江苏、浙江、福建、广东一带。《鲁班营造正式》中所提到的穿斗构架建筑则具有更为广泛的代表意义,其分布地区基本涵盖了江淮以南的区域,包括湖南、湖北、四川、贵州、云南等地。由此可以看出,压白尺的影响范围不局限于东南沿海区域。香严寺主要建筑的平面尺度多数采取压白尺的方法。除了韦驮殿的所有开间全部压白之外,其他建筑则更多的是明间压白。压白尺度以八白为主,少数合一白、六白,九紫施用得较少。建筑的进深方向则很少采用压白的尺度,部分建筑仅在两内柱之间的主要空间中采用压白的做法。

表 4.16　　　　　　　　　香严寺主要建筑基本信息一览表

建筑名称	通面阔与通进深之比 (以檐柱中记)	间架	建筑面积/ 平方米	屋顶形式
韦驮殿	1.7∶1	五间三进有后廊	284.5	硬山
大雄宝殿	1.3∶1	七间五进周围廊	675.7	单檐歇山
法堂	2.4∶1	五间三进有前廊	147.8	硬山
藏经阁	2.6∶1	七间三进有前廊	211.2	硬山楼阁
观音殿	2.8∶1	七间三进有前廊	163.9	硬山
普贤殿	3.4∶1	五间三进有前廊	91.1	硬山

香严寺主要建筑的平面以长方形最为普遍,从表 4.16 可以看出,大雄宝殿平面最接近正方形,其余建筑的平面皆为长方形。韦驮殿和大雄宝殿两殿面积较大,通面阔与通进深比例分别为 1.3∶1 和 1.7∶1;法堂、藏经阁和观音殿比例为 2.4∶1～2.8∶1;只有普贤殿的通面阔与通进深比例较大,达到了 3.4∶1。

(二)建筑侧样设计规律:插梁造与屋面分水

建筑侧样,也就是我们现代绘图中的剖面图,是古代建筑师衡量一座建筑体量、

---

①　程建军.风水解析[M].广州:华南理工大学出版社,2014.

高度、构造的主要技术图纸,也最能反映一座建筑的基本特征。

据香严寺主要建筑的侧样图可知,其主要特征是以插梁造为主,梁架多用自然材料,且大多就地取材,这一点和香严寺地处山林深处、建筑材料运输不方便有很大的关系。木构架的施工工艺,也多采用地方民居建筑做法,较为随意,并不像官式建筑那么严谨,建筑的步架大多不相等,甚至前后坡的檩的标高也不一致,有的建筑三架梁与五架梁截面一样。虽然清朝时期香严寺的行政区划在今河南省,但是建筑风格受南方建筑的影响要远远大于北方建筑的影响。

屋面的举折不明显也是香严寺建筑群的一个特点。前文提及香严寺建筑多采用屋面分水的做法,这种由整体到局部的先举后折的设计思路,更接近《营造法式》中的举屋之法,而与《营造法原》中的"提栈"做法及清《工程做法则例》中的举架做法,在设计思路上并不相同。举屋之法是根据建筑的进深,按一定的比例关系确定脊檩的高度,香严寺也是根据两根檐檩的距离确定重要尺寸,但不只是脊檩的高度,还有屋面坡度基准线的角度,然后在此基础上只抬升脊檩和檐檩。这种屋面分水的做法与西南地区的穿斗式建筑非常相似,往往先根据室内的空间布置内柱,然后再根据柱子的位置确定步架的大小,使室内空间的布局更加具有灵活性。

从目前发表的相关文献中可知,屋面分水的做法主要集中在贵州、四川、湖北等地,具体做法由于地域的不同也存在一定的差异。香严寺的屋面分水做法不同于河南大部地区所采用的举折做法,也不同于江浙地区所流行的"提栈"做法[①],这一点在南阳的内乡、邓州、淅川等西部山区民间匠人口中也得到了证实[②]。可以确定的是,南阳的北部与东部地区都没有同样的做法,也就是说香严寺是确定屋面分水形式影响范围的一个重要节点,向北、向东基本就没有这种做法了,这对于研究中国传统建筑的风格流派以及匠派传承都具有重要的意义。

香严寺的建筑屋面分水做法有三种(表 4.17)。第一种是根据建筑的进深,按照比例推算出建筑脊檩的高度,之后在同一坡度线上确定所有的檩,韦驮殿和五观堂就是这样的做法;第二种是整个香严寺中运用范围最广的一种形式,即根据进深按照比例计算出建筑的基本屋面坡度,在此基础上脊檩向上翘起,形成屋面折线,以大雄宝殿为代表;第三种是根据建筑的进深按照一定的比例算出建筑的基本坡度,之后脊檩和檐檩均向上翘起,以藏经阁为代表。脊檩翘起的高度不尽相同,最小的不足 3 寸,最大的达到 6 寸,影响翘起高度的主要因素是建筑脊檩上皮的标高是否符合压白尺寸。

---

① 主要用于南方民间建筑,与举架基本相同,也是从檐檩推算至脊檩,只是用词和坡度换算系数不同。
② 南阳西部山区民间匠人一般将这种做法称为屋面三扳水和屋面四扳水,是根据建筑进深来确定屋面的坡度。

表 4.17 　　　　　　　　　　香严寺主要建筑屋面分水做法

建筑名称	屋面基准坡度（分水）	举高①	脊檩翘起高度/寸	檐檩翘起高度/寸	脊檩标高尺寸
韦驮殿	八分水	2.5∶1	—		三丈零九寸
大雄宝殿	五分八水	3.5∶1	3.5②		三丈七尺六寸
接客亭	七分水	2.85∶1	3.5	0.75	一丈八尺八寸
法堂	六分四水	3.1∶1	2		一丈九尺八寸
藏经阁	六分六水	3∶1	2.5		一丈八尺八寸③
斋堂	六分六水	3∶1	—		二丈二尺八寸
观音殿	六分九水	2.87∶1	1.5		—

（三）建筑中的几何比例：天圆地方、"方五斜七"和黄金分割

　　建筑的比例关系是建筑构图的一个重要要素，人们很早就对建筑的比例关系做了多方面的研究。古埃及和古希腊就运用优美和谐的比例关系来设计建筑物。公元前 6 世纪，毕达哥拉斯学派提出"万物皆数"的哲学命题。他们认为任何事物都有一定的比例关系，通过多次观察人自身的比例，他们提出了黄金分割比的概念，并认为这个比例是最和谐、最优美的。欧洲文艺复兴时期，建筑师对建筑比例的研究更加深入。在几何图形的基础上，他们对建筑的长、宽、高等的比例关系以及人的视觉感受等进行研究和分析。日常生活中我们常见到的矩形有正方形、黄金比矩形、$\sqrt{2}$ 矩形④等（图 4.40）。黄金分割比在国外被称为"神奇的比例"，欧洲古典建筑经常运用这一比例关系，现代设计师也常用这个概念进行建筑立面和平面的设计，以求得和谐的外观。中国传统建筑的设计者多是民间工匠，他们在常年的实践过程中总结和整理自己的感受或者经验来进行建筑的比例设计，虽然没有相关的理论指导，但是美的感受是相通的，所以在中国传统建筑中，我们也能够看到天圆地方、"方五斜七"、黄金分割等比例尺度。

---

　　① 这里举高是前后檩中心线与屋面基准线高度的比，屋面基准坡度是 1/2 前后檩中心线与屋面基准线高度的比值的约数。

　　② 大雄宝殿上金檩翘起 1 寸，脊檩是在上金檩翘起的基础上又上翘 1 寸，相较基准线翘起 3.5 寸。

　　③ 藏经阁脊檩标高为三丈二尺二寸，脊檩距离二层楼板高度为一丈八尺八寸。

　　④ 矩形的长和宽的比值约为 1.414，即 $\sqrt{2}$。

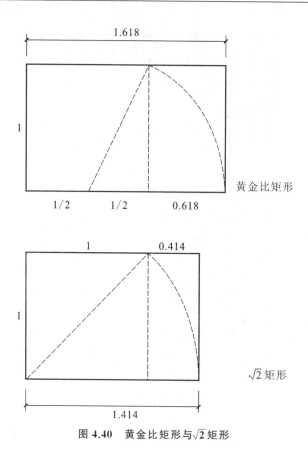

图 4.40 黄金比矩形与√2矩形

1. 天圆地方与建筑的等边尺度

天圆地方本是古代的一种天体观。古人由于缺乏科学知识,认为天似华盖,呈圆形,地如棋盘,呈方形,两者的结合则是阴阳平衡、动静互补。天圆地方的设计理念在中国传统建筑中有广泛的应用。《营造法式》中的圆方图和方圆图(图 4.41)就直接点明了方圆之间的关系:"万物周事而圆方用焉,大匠造制而规矩设焉,或毁方而为圆,或破圆而为方,方中为圆者谓之圆方,圆中为方者谓之方圆也。"通过对平面图的研究,我们发现香严寺建筑群是建立在由若干个正方形组合的网格上的(图 4.42)。第三层台地庭院中有一个内嵌式台阶(在接客亭内部),这个台阶在庭院中没有实际的用途,但是通过对尺度的分析可发现,台阶的边缘线和第四层台地上的大雄宝殿院落可以形成一个正方形。而这条线与韦驮殿的围墙形成另外一个正方形。第六层台地上法堂与法堂庭院,包括望月亭在内,又形成一个正方形。而东路的偏院里,从最南面的院墙到静养殿,长宽比正好是 1∶5,我们可以理解为 5 个连续的正方形。从平

图 4.41　《营造法式》圆方图、方圆图①

面图可以看出,整个建筑群的院落,包含了一系列的正方形,也存在着一定的比例关系。以这样的几何关系为基础,工匠在现场施工中运用简单的作图法就可以确定院落的大小与建筑的位置,这在一定程度上提高了效率和对整体空间的把握度。香严寺的空间布局体现出的比例规律,为我们进一步研究中国传统建筑院落空间提供了借鉴。

单体建筑中同样出现了很多方与圆的构成关系。这种关系更多体现在建筑的侧样、平面中,如藏经阁侧样图中檐口和正脊正好构成方圆相切的关系(图 4.43)。由完整的方圆关系演变而来的半圆关系则在立面设计中运用较多。在结构关系当中,通过方圆演变形成重要节点间距离的等比关系,例如法堂脊檩到室内中点的高度,与中点到檐口的高度是相等的(图 4.44)。

就望月亭来说,从台明底到一层正脊的垂直高度恰好等于从明间中心到山墙处的一层斗拱底部的距离,从台明到一层脊檩的垂直距离恰好等于从明间中心到山墙的水平距离(图 4.45);就接客亭来说,进深的尺寸与其正脊下皮高度相等(图 4.46)。

---

①　李诫编《营造法式》。

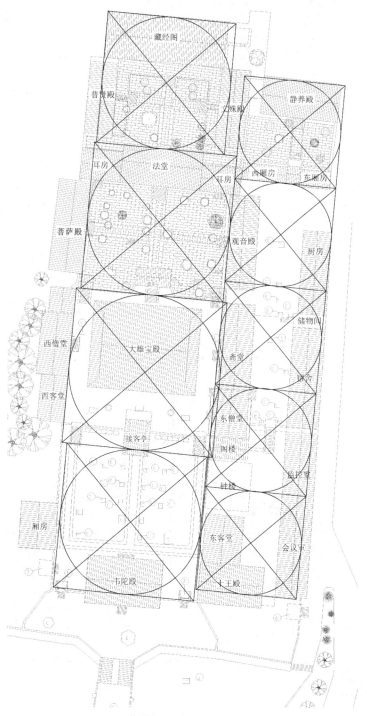

图 4.42　香严寺方圆关系图

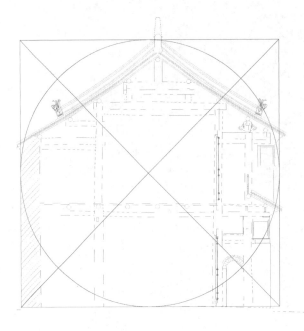

图 4.43　藏经阁方圆关系图

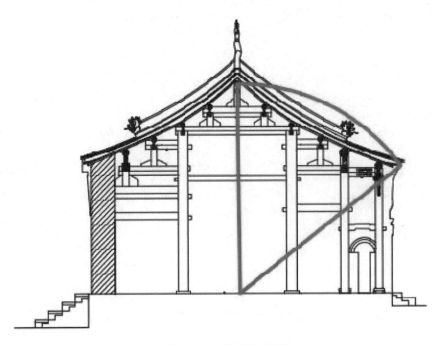

图 4.44　法堂剖面尺度图

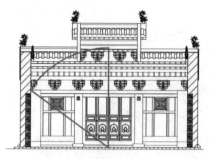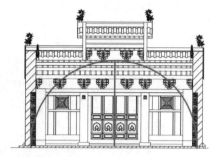

图 4.45　望月亭尺度图

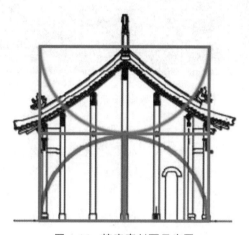

图 4.46　接客亭剖面尺度图

就大雄宝殿来说，在建筑的侧立面上，以山柱接地处为圆心、以大殿中其台明至正脊的垂直距离为半径画圆，可发现从圆心到檐口的距离等于从大殿室内平到脊檩的垂直距离，以檐柱高为半径画圆，可发现其等于两檐柱间距（图 4.47）。

2. 天圆地方的引申"方五斜七"

《营造法式》圆方图中正方形的边长与其外接圆的直径之比是 $1：\sqrt{2}$，方圆图中正方形的边长等于其内切圆直径，而正方形对角线与内切圆直径之比则是 $\sqrt{2}：1$。古代工匠可能不懂得 $\sqrt{2}：1$ 这种关系，但是他们从方圆图中总结出了"方五斜七"这样的口诀，即正方形的边长如果是 5，那对角线便约等于 7。7 除以 5 等于 1.4，与 $\sqrt{2}$ 非常接近。《营造法式》中明确提出的"方一百其斜一百四十有一""圆径内取方一百中得七十有一"[①]等，都与 $1：\sqrt{2}$ 的比例非常接近，本质上与"方五斜七"并无二致。

───────────

① 李诚编《营造法式》总例。

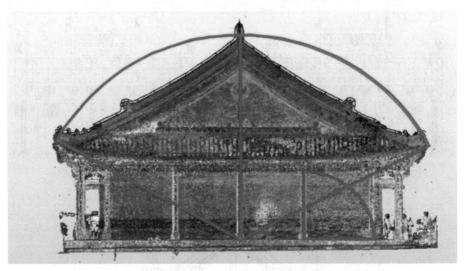

图 4.47 大雄宝殿侧立面尺度图

　　"方五斜七"自古为工匠所习用,基于这种五七式的比例关系,逐渐形成了一种应用广泛的传统矩形形式。比如能够代表江南建筑营造技艺的《营造法原》,将五七式斗拱作为江南斗拱的基本形式,其尺度比例就是 5:7。《营造法式》中的足材斗拱,一材加一栔是 21 分,与一材 15 分的比例也是 7:5。"方五斜七"之所以在古建筑中被广泛地应用,主要是由于它为作图带来便捷。所以古代的工匠在进行建筑设计时,除了运用倍数关系之外,也经常用长宽比为 7:5 的矩形,与今天常用的 $\sqrt{2}$ 矩形非常接近,比如建筑立面中面阔与高度比、建筑剖面中进深与高度比、建筑的平面中进深与面阔的宽度比等。望月亭的立面和剖面中都存在"方五斜七"的比例关系(图 4.48),法堂的剖面中也有类似的情况(图 4.49)。

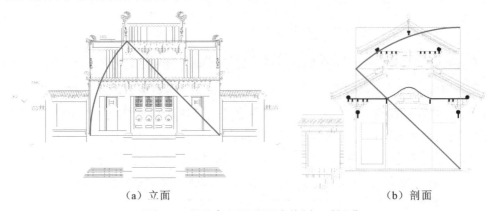

(a) 立面　　　　　　　　　　　　　　　　(b) 剖面

图 4.48 望月亭立面、剖面中的"方五斜七"

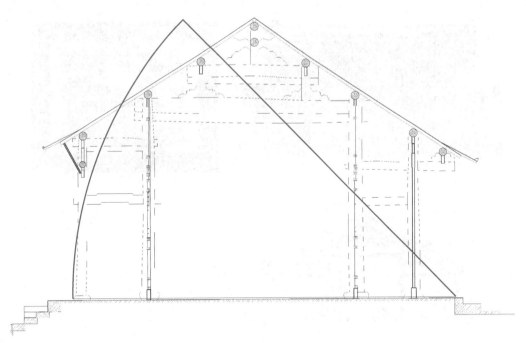

图 4.49　法堂剖面中的"方五斜七"

3. 黄金分割的应用

在西方,黄金分割比被广泛应用在绘画、雕塑、建筑、音乐等领域中。关于黄金分割比,我们最熟悉的可能就是达·芬奇所画的《维特鲁威人》,此画以典型的男性人体来诠释黄金分割比的概念,即肚脐到脚底的距离占身高的比例为 0.618。将其应用到建筑艺术上,能创造出和谐、美观的建筑。以古希腊建筑帕特农神庙为例,这座建于公元前 5 世纪的建筑历经沧桑,但今天还能看到其典雅和谐的样貌,多少游客被其典雅折服,主要原因之一就是其运用了黄金分割比。黄金分割矩形相较于 $\sqrt{2}$ 矩形,在作图上会稍微复杂一点,在中国传统建筑中的应用也不像 $\sqrt{2}$ 矩形那么普遍,但是这种接近完美的比例关系,并没有完全被中国传统建筑拒之门外,在很多传统建筑中也能看到黄金分割比的应用。在香严寺建筑群中,几乎每座建筑都存在黄金分割的比例关系(图 4.50)。

香严寺建筑群中,大部分建筑梁架宽/到地面的距离和两檩间距/到地面的距离及进深/檐口高度等均为黄金分割比(表 4.18、图 4.51)。

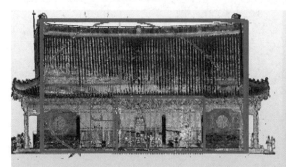

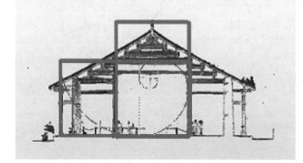

图 4.50　大雄宝殿黄金分割比示意图

表 4.18　　　　　　　　　　　香严寺主要建筑的黄金分割比

建筑名称	距离 A	距离 B	A/B
大雄宝殿	通进深	次间梢间和廊间面阔	1.618
	明间次间三间内柱面阔	前、后内金柱进深	1.618
	建筑通面阔（除去两落翼）	建筑正脊高度	1.618
	明间次间两间面阔	从台明到檐口的垂直距离	1.618
	建筑正脊高度	两内金柱的进深距离	1.618
	七架梁到地面高度	檐柱至后金柱的进深距离	1.618
法堂	明间面阔	柱子外侧间距	1.618
	明间面阔	金柱高度	1.618
	通面阔	檐柱到后墙外皮	1.618
	通面阔	脊檩高度	1.618
	三间进深	从台明到金檩的高度	1.618

续表4.18

建筑名称	距离 A	距离 B	A/B
法堂耳房	明次三间的面阔	前墙外皮至后墙外皮的间距	1.618
	梢间面阔	进深	1.618
	通面阔	建筑高度	1.618
普贤殿	明间面阔	建筑高度	1.618
	梢次两间面阔	上金檩所在高度	1.618
	檐柱中间距	从室内地面到脊檩高度	1.618
	两金檩间距	金檩所在高度	1.618
藏经阁	明次梢五间的柱中距离	从台明到后墙外皮的距离	1.618
	前后墙外皮距离	檐口高度	1.618
望月亭	通面阔	建筑高度	1.618
	通面阔	通进深	1.618
文殊殿	檐檩到脊檩的檩中间距	室内地面到金檩下皮间距的高度	1.618

　　对香严寺建筑比例构图的分析具有实际意义:恰当的比例关系不仅能给人带来美的感受,同时也兼顾设计、施工的便捷性。因此对中国传统建筑的研究不能仅停留在理论的探索上,必须联系工程技术以及匠人的思维习惯进行考察。

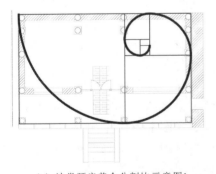
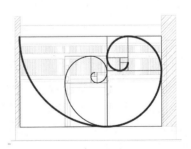

　　　(a)法堂耳房黄金分割比示意图1　　　　　(b)法堂耳房黄金分割比示意图2

图 4.51　黄金分割比在香严寺建筑中的运用

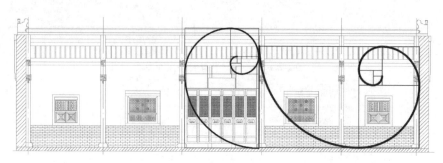

（c）普贤殿黄金分割比示意图1

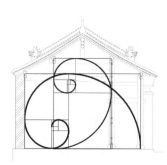

（d）普贤殿黄金分割比示意图2

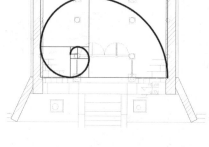

（d）望月亭黄金分割比示意图

图 4.51（续）

七、香严寺建筑彩画与壁画

香严寺轴线上现存建筑中，大雄宝殿、法堂、藏经阁的彩画留存较为完整（图 4.52、图 4.53），大雄宝殿室内的巨幅壁画艺术价值极高，体现了儒释道文化的融合。

（一）香严寺建筑彩画

大雄宝殿是香严寺内规模最大、艺术价值最高的一座建筑。檐下斗拱、阑额、雀替等构件上装饰有造型各异的花鸟、异兽等吉祥图案，均以浮雕或透雕的形式表现，凸显了纹饰的轮廓，增强了造型感，比常见的彩画更富有装饰性和艺术性。

大雄宝殿檐下的装饰性斗拱，丰富了梁柱间构件的层次，斗拱仅为一层，每攒斗拱上出 45°斜拱，平面呈"米"字形，挑出的拱臂做成卷翘的象鼻形，并以浅浮雕和彩绘相结合的手法将之装饰成龙头或凤尾的形象，灵巧而生动，各攒斗拱之间的拱垫板上绘有打坐的佛陀。

斗拱之上承托挑檐檩和垫板，檐檩上饰以绿地旋花纹，以一个整旋花为母题横向排列,各旋花之间以色带分隔,各开间旋花分布的数量根据建筑开间尺寸的大小做出相应的调整,如明间分布 10 朵旋花,次间梢间均为 8 朵,尽间为 3 朵(图 4.54)。垫板纹饰与檐檩纹饰整体相似。

图 4.52　大雄宝殿前檐彩画

图 4.53　藏经阁前檐彩画

图 4.54　大雄宝殿檐下斗拱及挑檐檩

大雄宝殿檐下平板枋的纹饰为红地半旋花卡池子,池心为绿地旋花纹饰。前檐平板枋下有两层额枋,第一层额枋为常见的箍头盒子方心式构图,方心装饰墨山水或博古图案,第二层额枋的构图突破传统分三停的布局,均以通体浮雕或透雕的形式展示彩画内容,明间雕刻二龙戏珠,龙鳞片片分明,栩栩如生。东西次间纹饰主题为鹿鹤同春、喜上眉梢,雕刻出的禽鸟和瑞兽动态感十足,浮雕之上施以彩绘,彩绘色彩明丽,展现天地四方皆春、一派太平盛世之景。东西梢间为透雕的凤穿牡丹,尽间为双鹤腾云,牡丹花叶和凤鸟翎毛的着色采用分染和接染的方法,形成色彩由浓到淡渐变或不同色彩之间自然过渡的效果。前檐廊下各间雀替上分别雕刻着祥云环绕的麒麟、振翅高飞的凤凰和自由奔腾的天马(图 4.55)。

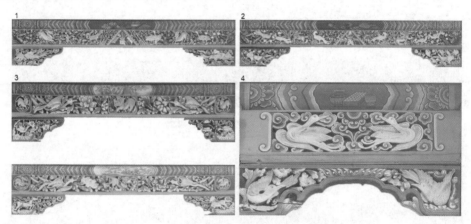

1.大雄宝殿前檐东次间(鹿鹤同春);2.大雄宝殿前檐西次间(喜上眉梢);3.大雄宝殿前檐东、西梢间
(凤穿牡丹);4.大雄宝殿前檐东尽间(双鹤腾云)。

图 4.55　大雄宝殿前檐各间额枋彩画

此外,墨山水和博古图案也是香严寺彩画方心纹饰常用的装饰图案,大量出现在大雄宝殿的东、西立面檐下彩画和后檐彩画中(图 4.56)。墨山水图案多表现"香严八景"①的秀美风光,墨线勾勒、淡彩渲染,此为彩画写实性白活②的一种技法,称为"落墨搭色"。山水画线条有力度、有神韵,墨气足实,着色明晰,造型自然生动美观,将香严寺周边的秀丽风光表现得真切而传神。博古图案和墨山水图案交替装饰在相邻开间的方心部位,红地方心之上布置着文房四宝、木鱼经书,寓意着出家之人诚心礼佛,清静无为。方心之外,青绿色仍为彩画的主色调,找头部位的旋花按照旋瓣层数青绿交替设色,旋瓣层数较多时中间或插入红色色带,起到了提亮整幅彩画的作用。

---

①　详见本书第三章对"香严八景"的研究和分析。
②　蒋广全在《苏式彩画白活的两种绘制技法》中解释为"因这些绘画大多在白色或浅色地子上做,行业中把它们统称为'白活'",引自蒋广全.苏式彩画白活的两种绘制技法[J].古建园林技术,1997(4):23-24.

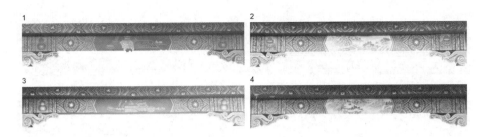

大雄宝殿东立面有六开间。1.自南向北第 2 间额枋彩画;2.自南向北第 3 间额枋彩画;3.自北向南第 2 间
额枋彩画;4.自北向南第 3 间额枋彩画。

图 4.56　大雄宝殿东立面额枋彩画

　　藏经阁坐落在香严寺内最高的一层台地,是一座前有廊后无廊的两层楼阁建筑。前檐彩画以顺三段式布局或倒五段式布局为主要构图形式[①],东、西次间额枋彩画构图较为独特(图 4.57、图 4.58),额枋两侧为写实的龙头卡子,中心池子轮廓为倒三角形式,约占构件总长的 1/5,西次间池心为"禄"字纹饰,两侧找头对称遍绘双鹤牡丹,东次间池心内为"福"字纹饰,两侧找头对称遍绘凤穿牡丹,此谓"福禄双全"。梢间和尽间的额枋均为典型的分三停式布局,方心部位是以三国、神话为题材的人物故事图。找头、盒子、箍头等部位多以"万"字纹、"回"字纹或简易的旋花旋瓣为饰,组合灵活,不拘泥于固有形式。挑檐檩彩画均为三段池子构图,池子心内纹饰或为单色的行龙,或为墨山水,或为几何纹,各段池子之间以"回"字纹或拉不断纹的箍头相隔。明间及尽间的垫板彩画是以旋花为中心对称布局的两段池子,两侧尽间池心内为二十四孝故事图或佛典故事图;明间两池心内绘有佛典故事图。藏经阁彩画整体色彩素雅,与大雄宝殿明艳富丽的风格迥然不同。前檐走马板上装饰有彩画 30 余幅,包括人物画、兽类画、山水画等,样样俱全,各具特色。

1.东次间额枋彩画;2.西次间额枋彩画。

图 4.57　藏经阁前檐一层东、西次间额枋彩画

---

　　①　顺三段式是池子居中,双箍头两端对称布局;倒五段式是箍头居中,三箍头双池子布局,引自张昕.山西风土建筑彩画研究[D].上海:同济大学,2007。

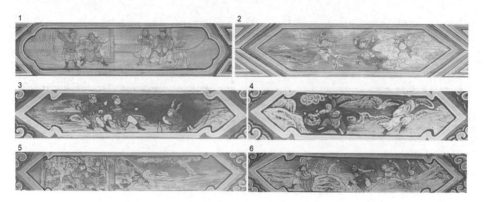

1.三国故事;2.神话故事;3.二十四孝故事;4.佛典故事;5.戏文故事;6.历史故事。

图 4.58　藏经阁檐檩、额枋池子心常见的彩画

从香严寺各座建筑彩画的现状来看,大雄宝殿彩画的艺术性和装饰性更强,造型和色彩表现是重点,呈现出明丽热闹、花团锦簇的特点,表达了美好的愿景和吉祥的寓意。而法堂和藏经阁彩画的重点在于描绘历史典故、戏文故事或佛典故事,通过世俗题材的图文展示达到一定的教化目的。

(二)香严寺建筑壁画

1.大雄宝殿内部东西山墙壁画

香严寺大雄宝殿供奉的是释迦牟尼,左右侍立迦叶、阿难二尊者。大殿四壁均有绘画,其中东西山墙的两组壁画最为突出,东西对称布局,每组壁画都绘有十二位神祇,由神祇形象特征判断,应为佛陀的二十四位护法,通常称为"二十四诸天"(图4.59、图4.60)。壁画人物呈前七后五的紧凑布局,护法均有头光,周身祥云环绕,前排七位护法均为脚踏祥云的全身像,后排五位护法均为半身像。两组壁画无文献记载、无题榜落款,仅可从造型特征及所持法器基本辨识诸天名号。

(1)二十四诸天形象考辨。

为方便辨识这二十四位护法的特征与名号,现将两组壁画中的神祇按照自前向后、自左向右的次序依次排序。二十四位护法的名号如表4.19、表4.20所示。

表4.19　　　　　　　**香严寺大雄宝殿东山墙壁画十二诸天对应表**

后排	序号		E8	E9	E10	E11	E12	
	名号		菩提树神	紫微大帝	摩利支天	日宫天子	雷神	
前排	序号	E1	E2	E3	E4	E5	E6	E7
	名号	散脂大将	坚牢地神	西方广目天王	大梵天	北方多闻天王	阎摩罗王	未知

图 4.59　大雄宝殿东山墙壁画[1]

图 4.60　大雄宝殿西山墙壁画[2]

①　岳全.从南阳香严寺壁画看儒释道文化融合[J].文物鉴定与鉴赏,2023(8):17-20.
②　同上。

表 4.20　　　　　　　　香严寺大雄宝殿西山墙壁画十二诸天对应表

后排	序号		W8	W9	W10	W11	W12	
	名号		鬼子母	摩醯首罗天	大辩才天	金刚密迹力士	月宫天子	
前排	序号	W1	W2	W3	W4	W5	W6	W7
	名号	乾闼婆	娑竭罗龙王	东方持国天王	帝释天	南方增长天王	大功德天	韦驮天

　　由壁画的构图看,东西山墙的两组护法神像均以前排中间尊位为首,结合《重编诸天传》中的以大梵天为首、帝释天为次[1],可确定东山墙 E4 应为大梵天(图 4.61)、西山墙 W4 应为帝释天(图 4.62),两位护法均为汉化的老年帝王相,头戴通天冠,长须垂于胸前,身着广袖长袍,施以帔肩,足登云头舄,身体微向前倾,双手执笏于胸前。大梵天(E4)神态端肃,冕冠之上有日、月之装饰,象征着其在印度神话中创世者的神格,占据着精神界主的地位;帝释天(W4)则更显世俗之态,是支配世俗世界的众神之

图 4.61　东山墙大梵天(E4)(张袁酉提供)　　图 4.62　西山墙帝释天(W4)(张袁酉提供)

[1]《重编诸天传》载:"凡列天位,自有两端,一如常佛会总相排列当先梵王帝释四王等……又如孔雀经索诃世界主,梵天王,天帝释,四天王,二十八大药叉,乃云余经文非一处,此犹世之朝仪,尊卑高下各安其位,虽间有不次,必先梵释者……"

王。大梵天和帝释天作为释迦牟尼的左右护法,象征着精神与世俗的统一[①]。

大梵天(E4)与帝释天(W4)两侧所立的都是武将护法,东西两山墙这四位武将护法的造型相似,均身披铠甲,头戴筒形五佛冠,足登云头靴,挺胸鼓腹,身体微侧,头部稍偏,呈三屈式姿态,眼神坚定有力,睥睨众生,给人十足的威严与压迫感。这四位护法即二十四诸天中的四大天王(图4.63～图4.66)。

图4.63　西方广目天王(E3)(张袁西提供)

图4.64　北方多闻天王(E5)(张袁西提供)

其中E3脸方阔饱满,眉头紧锁,双眼圆睁做愤怒状,右手执宝幢,左手握拳于腰间,应为西方广目天王;E5侧身朝向大梵天,目视前方,神情肃穆,右手托塔,左手握一只吐宝鼠,可判断其为北方多闻天王;W3双手抱持一把琵琶,左手持柄,右手作拨弹状,应为东方持国天王;W5是红色面庞,目如铜铃,龇牙咧嘴,面部表情凶悍中略带一丝戏谑,右手拖着一柄宝剑斜靠在臂弯,左手上举捏一颗宝珠,可判断其为南方增长天王。

E1为武将造型的护法,身披铠甲,头戴双翼兜鍪,兜鍪表面装饰复杂,兜顶饰以红缨,面庞方正,眉毛上挑,凤眼圆睁,嘴角微微含笑。左手中的降魔杵触地而立,右手搭在左臂之上,姿态闲适松弛。由其造型和手中所持法器可认定为散脂大将(图4.67)。

E2为坚牢地神(图4.68)。坚牢地神为大地之神,司掌田畴沃土、药草丛林、稻麻谷

---

①《佛传与图像:释迦牟尼神话》中这样释读大梵天与帝释天:释迦牟尼奇异诞生的见证者。

图 4.65　东方持国天王(W3)(张袁酉提供)

图 4.66　南方增长天王(W5)(张袁酉提供)

图 4.67　散脂大将(E1)(张袁酉提供)

图 4.68　坚牢地神(E2)(张袁酉提供)

米等自然万物。E2的形象为女性神像,面若银盆,眉间白毫相①,束发高冠,身着天衣,赤足而立,左手托举盆钵,钵内似是植物根茎或珊瑚珠石,较符合坚牢地神的神格。

E6为阎摩罗王(图4.69)。阎摩以地狱主宰者的身份随佛教传入中土,后与中国传统文化中的冥界思想结合,形成了民间所说的地狱之主阎罗王,掌管阴司地域,其形象多为浓眉巨眼虬髯的王者。E6护法身着大袖长衣,头戴小冠,两鬓赤发上扬,眉头深锁,双唇紧抿,右手执笏,左手前伸似作掐指状。从广袖长袍的衣着及手中所执笏板看,为典型的文臣形象,但其发式和面相又呈现凶态,与阎摩罗王的形象匹配。

E7是一位行者,头戴戒箍,龇牙瞪目,右肩扛着一柄龙须叉,右手握着叉杆,左手掌着左胯,腰腹向右前方鼓出,下身为武将装束,腰带之下垂鱼尾状的裈甲②,两侧有较长的膝裙,小腿着胫甲。从造型上看,既没有散脂大将的铠甲华丽,也不似摩利支天的衣着飘逸,所执兵器看起来简单朴素,从现有信息很难推测其身份(图4.70)。

图4.69 阎摩罗王(E6)(张袁酉提供)　　　图4.70 未知(E7)(张袁酉提供)

① 眉间白毫相是佛陀三十二相之一,是佛陀所具有的庄严德相,由长期修习善行而感得。《摩诃般若波罗蜜经》载:"三十一眉间白毫相如兜罗绵……",香严寺壁画中有四位女性护法有此相,分别为E2坚牢地神,E8菩提树神,W6大功德天,W10大辩才天。
② 裈甲是铠甲裆部的防护部分,前面的叫裈甲,后面的叫鹘尾。

E8～E12皆为半身像。E8为菩提树神,女性形象,其珠冠环佩、衣饰披帛等造型均与坚牢地神相似,面庞宽厚,神态端庄有佛陀之相,左手上举,手指捏着一带叶的树枝。菩提树神是最早的护法神之一,早在释迦牟尼成佛之前就护持在其身侧。E8手中所持的菩提树枝是其身份的最好证明(图4.71)。

E9为帝王形象,头戴十旒冕冠,双手执笏于胸前,面庞端方,颌下悬须,慈眉善目,神态端详,宽袍大袖的衣衫纹饰华丽富贵。二十四诸天中,道教神祇有三位,E9的人物形象与紫微大帝身份相符(图4.72)。紫微大帝全称"中天北极紫微大帝",属于道教的四御[①]之一,执掌天经地纬,以率普天诸星,在中国民间信仰中有重要地位。紫微大帝加入佛教护法神系列,是佛道二教融合的结果。

图4.71 菩提树神(E8)(张袁酉提供)

图4.72 紫微大帝(E9)(张袁酉提供)

E10为四臂菩萨像,须发张扬,面相凶煞,身着黑衣。四臂皆戴臂甲,两臂前伸,一手托法螺,一手握线圈;两臂后举,一手举剑,一手执金刚杵。其形象酷似二十四诸天中的摩利支天,《重编诸天传》言:"有三面,面有三目。一作猪面,利牙外出,舌如闪电,为大恶相。……臂有其八,右手持金刚杵,金刚钩,左手持弓,右无忧树枝羂索……经中八臂执捉不同,或云左手持弓索无忧树枝及线,右手执金刚杵箭。"E10形象及手持之物与文献描述相似,可认定为摩利支天(图4.73)。

E11为白面文臣相,面庞端方,白净俊雅,头戴远游冠,身着天衣,双手合十,身体微朝南倾侧,仔细辨识发现其冕冠之上似有太阳的装饰。其形象与二十四诸天中的日宫天子契合,日宫天子曾经是印度古代宗教的太阳神,后成为佛教的护法神,其形象常被塑造成年轻帝王,手持莲花或笏板,头戴冕冠,冠上常装饰日轮,日轮中或有一象征太阳

[①] 三清四御是中国道教的信仰之一,三清是三位地位最高的天神,分别为上清灵宝天尊、太清道德天尊、玉清元始天尊;四御是辅佐三清的四位尊神,分别为中天北极紫微大帝、南方南极长生大帝、勾陈上宫天皇大帝、承天效法后土皇地祇。

图 4.73　摩利支天(E10)(张袁酉提供)

的金乌鸟。从 E11 的形象及其冕冠的装饰可大致认定为日宫天子(图 4.74)。

E12 较好辨认,为典型的雷神形象,状若力士,裸胸袒腹,背插两翅,怒目圆睁,嘴尖如鹰喙,右手执槌,作欲向下击之状。其形象与文献记载的雷神形象极为相似,是为雷神(图 4.75),也是二十四诸天中三位道教神祇之一。

图 4.74　日宫天子(E11)(张袁酉提供)

图 4.75　雷神(E12)(张袁酉提供)

W1 形象较为独特,整体看是身披铠甲的武将形象,但其独特之处是头上所戴的冠帽非传统武将的兜鍪,而是一顶虎头围帽。在敦煌壁画中,常见穿长甲胄的毗沙门天王与着虎皮戴虎头帽者的组合,但敦煌壁画中着虎皮帽者多是手中拿着宝鼠、口袋或宝珠,而此处 W1 为右手持斧,左手托举一山形物。在《大正藏》图像部中,有一幅乾闼婆与诸鬼图①,图中的乾闼婆王身着甲胄,坐于石上,左手持戟,右手托举一物,

① 见《大正藏》图像部·九"童子经法"。

头上戴着虎头围帽(图 4.76),W1 的形象与此极为相似,因此推断 W1 为乾闼婆(图 4.77)。乾闼婆是佛教天龙八部部众之一,是服侍帝释天专管奏乐演唱的乐神。

图 4.76　乾闼婆与诸鬼图

图 4.77　乾闼婆(W1)(张袁酉提供)

W2 的形象也很明朗,为龙首人身的帝王相,头戴冕冠,冕冠正前方伸出"立笔"[1],两鬓焰发赤立,瞠目龇牙,身着宽袍大袖的华丽长袍,双手执笏侧身而立,是为娑竭罗龙王(图 4.78)。娑竭罗龙王又名"水天",原为印度婆罗门教天神,专门掌管水界,承担着守护天宫,兴云致雨,役使蛇龙决江开渎以及保护国土和百姓的职责。

W6 为一女性神,束髻戴冠,身着华丽大衣,慈眉善目,璎珞臂钏庄严其身,赤足而立,左手在上执一长茎的开敷莲花,右手在下托举花茎。莲花开敷,花果具足,以表证悟果德,智慧福德庄严具足。可判断此尊为大功德天(图 4.79)。

W7 特征鲜明,为一顶盔掼甲的红脸青年武将,盔甲与散脂大将的盔甲相似,华丽精细。突出特征是双手合十上举,手臂内侧横贯一金刚降魔杵。此类神在众多寺院中皆有供奉,名为韦驮,是为二十四诸天中的韦驮天(图 4.80)。

W8 为鬼子母(图 4.81)。鬼子母又名诃利帝母,原本是食人子女的恶神,后受佛

---

① 立笔,源于古代的一种"簪笔"制度,最早是官员上朝用来记录的毛笔,后来演化为一种冠饰,明代时仅为一红色绦子缨穗状饰物,但仍保留"笔"名,插在冕冠正面上端中部,弯折几道竖于最顶端。

图 4.78　娑竭罗龙王(W2)(张袁酉提供)　　　图 4.79　大功德天(W6)(张袁酉提供)

图 4.80　韦驮天(W7)　　　　　　　图 4.81　鬼子母(W8)(张袁酉提供)

　　　(张袁酉提供)

陀点化成为孩童和妇女的守护神,多以被孩童环绕或怀抱孩童的形象出现。W8虽也是女性神,但其造型与W6、E2、E8的佛陀之相完全不同,为凡间妇人形象,肩膀瘦削,衣着朴素,发髻高挽,头戴凤钗,怀中环抱一孩童,孩童手中持一柄挂着柿子的如意,寓意事事如意。

W9为一六臂金刚,头戴戒箍,蓬发后仰,项戴璎珞,耳饰环佩,眼似铜铃,嘴巴大张并露出獠牙,看起来凶神恶煞。该护法有六臂,主臂右手覆左手抱拳于胸前,右上手握金刚铃,右下手握矩尺;左上手握金刚杵,左下手持宝剑。该像还有一个显著特征,其左耳之后飞扬的鬈发下,露出一个小小的人头像,大小与左耳相差无几,五官与主面相似。在二十四诸天中,有将这种形象特征的称为摩醯首罗天。《重编诸天传》载,摩醯首罗天三目八臂,骑白牛,所画形象有两种,一为菩萨相者手执拂、持铃、杵并尺,结印合掌;二为药叉形,赤发蓬起、三目、八臂,执弓箭等。W9六臂所持之物与《重编诸天传》中所述摩醯首罗天的持物相似,据此可推定W9为摩醯首罗天(图4.82)。至于鬈发下的人头像,《摩醯首罗天法要》中描述:"尔时摩醯首罗天,于天上与诸天女游戏化乐作诸伎乐,忽然于发中化出一天女,容颜端正伎艺第一,诸天之众无能过者。"[①]文献描述发中化出的是天女,W9则为男像,出现这种变化的具体原因不明。

W10为一四臂菩萨,慈眉善目,一副端庄女相,钗环配饰较W6、E2、E8更为华丽,肩饰披帛,四臂裸露,两臂胸前合十,两臂上举,左手拖日,右手托月。根据二十四诸天的特征,可推测此为大辩才天(图4.83)。《重编诸天传》言:"《光明经》云,是说法者,我当益其乐说辩才,令其所说庄严次第,善得大智。……常以八臂自庄严,各持弓箭刀稍斧长杵铁轮并羂索。"可见,大辩才天多智善辩,并有八臂,此处形象为四臂。

图4.82 摩醯首罗天(W9)(张袁酉提供)

图4.83 大辩才天(W10)(张袁酉提供)

W11为一红脸金刚,怒目圆睁,嘴巴作大吼状,上身袒露,右臂上举,手中所持之物已不可辨识,左臂前伸,臂弯中托举一金刚杵,身上团块状的肌肉极富力量感。这

---

① 黄文智.高平铁佛寺二十四诸天考辨[J].中国美术研究,2020(1):59-66.

种孔武有力的形象应为二十四诸天中的密迹金刚(图 4.84)。密迹金刚,也称金刚密迹力士,在《金光明经》中为大鬼神王,为护持佛法而终生侍卫在佛陀身边①。

W12 应为月宫天子(图 4.85),是这组壁画中最后一位女性护法,衣着装饰似一位凡间后妃,头戴凤冠,身披云肩,项佩璎珞,耳饰钗环俱全,弯眉细目,一派端详。怀中端抱一细长板状物,似文臣手中的笏板,该物件细节部位因遭雨水侵蚀已不可辨识。月宫天子,原是古印度崇拜的月神,本为男性形象,佛教传入中国后与本土的月神结合,呈现出女性化特点。日宫天子与月宫天子一直是以对应组合的方式出现,常见的是年轻帝王和后妃的形象,阴阳相伴,与日月的各自属性相合。

图 4.84 密迹金刚(W11)(张袁酉提供)

图 4.85 月宫天子(W12)(张袁酉提供)

在两组壁画的角落部位,还有几位金刚,其面部表情丰富,造型生动,动感十足(图 4.86~图 4.88)。

图 4.86 东壁金刚(一)
(张袁酉提供)

图 4.87 东壁金刚(二)
(张袁酉提供)

图 4.88 西壁金刚(张袁酉提供)

---

① 《金光明经·鬼神品》中载:"金刚密迹大鬼神王,及其眷属五百徒党,一切皆是大菩萨等,亦悉拥护听是经者。"

（2）关于香严寺大雄宝殿壁画的讨论。

长久以来，民间和香严寺的官方资料认为大雄宝殿东西山墙的壁画为《朝元图》，然而经过对两组壁画人物特征逐一辨识与考证，虽仍未辨识出 E7 的确切身份，但基本可确认，香严寺大雄宝殿东西山墙壁画应为佛教"二十四诸天图"。

此处的二十四诸天中，男性形象有十八位，女性形象有六位。在这十八位男性护法中，王侯形象有六位，分别是大梵天、帝释天、阎摩罗王、娑竭罗龙王、紫微大帝和日宫天子；身披铠甲的武将六位，分别是四大天王、散脂大将和韦驮天；金刚力士形象有四位，分别是摩醯首罗天、金刚密迹力士、摩利支天和雷神；还有两位形象比较特殊，一位是头戴虎头帽的乾闼婆，一位是肩扛龙须叉的行者。

在塑造手持护板的文臣形象时，画师通过描绘不同的冕冠、表情神态，表现不同的神格特征。戎装武将护法的形象也很精彩，有头戴五佛冠的四大天王，头戴兜鍪的散脂大将和韦驮天，从其铠甲类型、冠帽的样式、腰带的细节及下身裈甲的形式来看，与山西大同善化寺和华严寺中现存戎装武将塑像相似。

在六位女性形象中，身着天衣，为眉间白毫相的共四位，分别是大辩才天、坚牢地神、大功德天和菩提树神。而鬼子母和月宫天子的造型与这四位完全不同，呈现出世俗的贵妇装扮，其中月宫天子更为庄重华丽，似是一位人间后妃。

（3）关于大雄宝殿二十四诸天图的思考。

对比北京法海寺的二十诸天壁画、江西上饶白花岩的二十四诸天壁画、甘肃灵台蛟城庙二十四诸天壁画，以及大同善化寺和高平铁佛寺的二十四诸天塑像，可以发现，此处的二十四位护法的形象特点、排序与上述实例多有不同。如毗沙门天王在演变为北方多闻天王前，手中所持法器为宝塔和吐宝鼠，成为北方多闻天王之后，所持法器变为宝幢。而此处四大天王所持法器，宝塔与宝幢同时出现，且分别由两位护法持有，此处的混淆不知是画师的无心之举，还是有意为之。大辩才天、摩利支天的多臂形象，虽接近文献或实例中的传统形象，但多少又有些出入。总体来说，虽各位护法的形象或手中所执法器有混淆，但其整体所承载的吉祥寓意并无减退，这在一定程度上体现了画师自身的文化积累和审美意志，是画师的个人创造，反映了当时人们的情感需求与精神寄托。

2. 大雄宝殿内部北壁壁画

相较于大雄宝殿东西山墙的二十四诸天图，北壁的壁画更加鲜明地展现了明清时期豫西南地区寺观壁画的绘画特点、社会风俗以及信仰演变，承载着丰富的历史内涵和文化信息。大雄宝殿北壁的壁画以"海云汹涌，得大自在"为主题，东西两侧分别绘制了文殊、普贤两位菩萨，他们与扇面墙后壁的倒坐观音塑像一起，构成了明代以来佛教壁画中经典的"三大士"布局形式。

（1）北壁西侧壁画。

北壁西侧壁画（图4.89）中央为普贤大士，其手持如意法器，半倚坐于海中紫竹石上，这样的坐姿称为"游戏坐"①，座下波涛汹涌，并有力士以肩驮石。普贤大士的左肩上部，有一护法立于云海之上，该护法手持杨柳枝，含笑望着大士。普贤大士的左膝旁有一组人物形象，该组人物的中心是一头戴五梁冠、身着绯衣、手持笏板的王侯形象（推测为龙王），他立身于盘龙上，瞻仰菩萨圣容；王侯身后靠上部位是一手捧玉瓶献于普贤的童子，靠下部位是一面目狰狞并为其持撑伞盖的海夜叉。普贤大士的右腿下方为其坐骑六齿白象，旁边象奴牵绳站立，象奴身侧翻涌出的云纹与上部绘制的柳树相连，将画面上下联系为一体。但因象奴处的墙面剥落严重，云纹与下部如何关联，已不可考。

图4.89　北壁西侧壁画

以普贤大士坐于海中为主题的壁画，现存案例较少，仅榆林窟第3窟主室西壁的"普贤经变图"等少数壁画中出现了"渡海"的场景（图4.90）。香严寺普贤壁画与榆林窟中的"普贤经变图"相比，无论是背景表现还是人物配置，都相差较大。

解读香严寺普贤壁画，首先看普贤大士所代表的"愿"。《大方广佛华严经普贤菩萨行愿品》中提及"若欲成就此功德门，应修十种广大行愿"，也就是普贤菩萨十大行愿②，

---

① "游戏坐"也叫大王游戏坐，一腿屈盘在座上，一腿下垂着地，观音菩萨常在岩石上这样休憩。

② 《大方广佛华严经普贤菩萨行愿品》记载：普贤菩萨十大行愿一者、礼敬诸佛。二者、称赞如来。三者、广修供养。四者、忏悔业障。五者、随喜功德。六者、请转法轮。七者、请佛住世。八者、常随佛学。九者、恒顺众生。十者、普皆回向。

是能量无边无际的海藏①,故释门称为"愿海"。其次看画面中善财童子的形象,《大方广佛华严经普贤菩萨行愿品》中讲述了普贤菩萨向善财童子讲法问答的过程,善财童子在求法过程中五十三参②,最后一参是向普贤菩萨求得一切佛刹微尘数三昧门,证悟大圆满③。综上,推测绘制的内容之一应为"普贤愿海传法"。

普贤大士左膝旁的这组人物,民间多传为"天官拜观音"。画面的海水背景、腾云站立在盘龙上的海夜叉以及虔诚朝拜的龙王,与明代《龙王礼观音》(图 4.91)所表达的主题相同,但两幅绘画在人物配置以及形象上有所区别。推测香严寺北壁西侧壁画是依据《龙王礼观音》主题改绘,并且佛经中多有表示龙王赞叹佛陀、菩萨功德的典故,因此综合判断为"龙王礼普贤"。

图 4.90　普贤渡海

图 4.91　《龙王礼观音》

① "海藏"为佛教用语,相传佛教大乘经典藏在大海龙宫中,龙树菩萨前往龙宫求经,大龙菩萨以经典相赠,故"海藏"一词,又喻大乘佛教之要义。

② 佛教典籍《华严经》记载,善财童子仰慕文殊菩萨的大智慧和德行,便向文殊菩萨请教,文殊菩萨指引他向南游行,依次向各位善知识求教。于是,善财童子游历一百一十城,拜访了五十三位不同经历的比丘、菩萨、高僧等,听授各种法门。最终到达普贤菩萨的道场,证入无生法界,得以功行圆满。

③ 唐般若译《华严经·入法界品》。

　　具体而言，首先根据上文中对壁画主题的解读，判断中央人物形象为普贤大士，而非观音。其次，此处壁画与明代《龙王礼观音》所表达的主题极为相似，并且画面中所展现的海水背景、腾云的盘龙以及持撑伞盖的海夜叉，都与龙王的配置相符合，故推测此处的王侯形象为龙王，而不是民间所传的天官。但该壁画与《龙王礼观音》在人物配置以及形象的展现上有所区别，故推测此处的人物形象是依据《龙王礼观音》模式改绘，并且佛经中多有表示龙王赞叹佛陀、菩萨功德的典故，典故名称也随主尊人物的变化而改变，如"龙王礼观音""龙王赞叹佛陀"等。综合以上可知，西侧壁画右下一组人物形象应为"龙王礼普贤"。

　　明清时期，寺观壁画中的龙王形象主要分为两类①，其中一类为头戴通天冠或梁冠、手持笏板的男性神，呈朝拜状（图 4.92～图 4.95②），有的鼻翼间有象征身份的白色龙须③，香严寺普贤壁画中的龙王形象即为此类。

图 4.92　《释氏源流应化事迹·嘱托龙王》

图 4.93　《释氏源流应化事迹·龙宫入定》

---

　　①　《水陆画龙王图像探究》中将水陆壁画中龙王形象分为两种：一类是头戴通天冠或梁冠、手持笏板的男性神形象，有时鼻翼间会出现白色龙须作为身份象征，个别龙王面庞呈龙形；另一类主要出现在守斋护戒龙王图像中，为身穿铠甲、手持兵器的武士形象。明代诸天以及佛传故事壁画中的龙王形象也与水陆画中的基本接近。

　　②　图 4.92～图 4.95 来自明代内府刻印《释氏源流应化事迹》，明成化二十二年（1486 年）彩绘刻本第四卷。

　　③　刘骏.水陆画龙王图像探究[J].艺术探索,2021,35(5):19.

图 4.94　《释氏源流应化事迹·龙王赞叹》

图 4.95　《释氏源流应化事迹·衣救龙难》

（2）北壁东侧壁画。

大雄宝殿北壁东侧壁画（图 4.96）的布局与西侧对称，但在细节上存在差异。中央文殊大士坐于象征智慧的菩提树叶上，呈抱膝"游戏坐"，其下海波激荡。文殊大士的右肩之上为一护法，手持宝剑，回首望向大士。另有两位神祇腾云水中，其中男性神祇头戴鱼冠，身着鱼尾披肩，手持玉板；女性神祇手捧海螺，两者皆呈捧送姿态。文殊大士左膝一侧是熟睡的青狮坐骑与狮奴，且酣睡的青狮头部有升腾的云雾[1]。

北壁东侧壁画的背景与西侧壁画一致，为波涛汹涌的水面，这种大幅水面与榆林窟第 3 窟主室西壁西夏时期的文殊经变图、莫高窟第 14 窟东壁门北文殊经变壁画、榆林窟第 16 窟西壁门南的文殊经变壁画，以及日本镰仓时代的文殊渡海图相似，推测东侧壁画以"文殊渡海"为主题。但此处的文殊大士形象与上述绘画中华丽的文殊样式[2]存在极大差异，主要表现在文殊大士着白衣素装，于菩提树叶蒲团上呈抱膝"游戏坐"，手中未结印也未持法器，更显朴素与淡雅，这一形象与 15 世纪日本佛画

---

① 此处所说的云雾，是中国传统绘画中对梦境的表达手法之一，即用无序的线条将梦境和现实巧妙地分为两个空间，参见王璐露.绘画创作中关于梦境的表现[D].重庆：四川美术学院，2021。

② 《渡海化现与法脉转移——日本醍醐寺藏〈文殊渡海图〉研究》一文将水面祥云之上的文殊形象分为新旧两式，其中旧样式无于阗王、佛陀波利和老人的形象，背景中的山没有出现五台山化现的典型场景和特征。新样式多有化现场景的群山，主尊文殊菩萨头戴宝冠，右手如意，左手结印，悠游地坐于狮背之上。画面中下部，文殊菩萨的眷属侍从共有十八尊。

图 4.96　北壁东侧壁画

《华严三圣》(图 4.97)中的文殊有相似之处,应是为了统一东西两侧壁画主题而改绘的文殊样式。

图 4.97　日本佛画《华严三圣》

此处的文殊护法形象(图 4.98)、位置及朝向与西侧壁画普贤护法大致相同,但体形和装饰均弱于西侧。这表明东侧的文殊护法并非画面所要重点表达的对象,而是为了与西侧形成对称格局。但值得注意的是，护法呈献杵式持剑姿势，这一形象与大雄宝殿东西两山墙的二十四诸天图中韦驮天的姿态较为相似，推测是画师借鉴传统观音护法韦驮天形象绘制（图 4.99～图 4.101）。

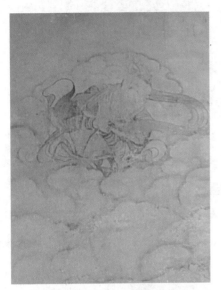

图 4.98　北壁东侧文殊护法

图 4.99　明代韦驮天画像

图 4.100　清代韦驮天画像（一）

图 4.101　清代韦驮天画像（二）

对此幅壁画中水中两位神祇（图4.102）的解读，应从男性形象的衣着入手。头戴鱼冠，身着鱼尾披肩，这一形象符合寺观壁画中对水族形象的描绘。其次两位神祇手持螺和玉圭，呈捧送姿态，推测所表达的应是献宝，并且该组宝物与山西汾阳圣母庙"水神献宝"（图4.103）中的宝物极其相似，但汾阳圣母庙中男性神祇的后背是龙首图案。

图4.102　香严寺大雄宝殿北壁东侧壁画中的水神形象

图4.103　山西汾阳圣母庙"水神献宝"①

关于汾阳圣母庙中的男性形象，最初柴泽俊在《略论山西古代壁画》中认为是龙王形象②，但在后续著作中改为"水神献宝"③。由此可见，水神和龙王的形象极易混淆，所以香严寺大雄宝殿北壁东侧壁画中男性神祇形象到底是龙王还是水神，需要进一步推敲。佛经中的献宝典故原本应为"龙王献宝"，文献中也多有记载（表4.21），经文中记载水族宫中财物丰富，献宝者多为龙族和水族众圣，但具体人物根据经文内容而改变，没有固定形制。传统佛教绘画中也有多处"献宝"案例（表4.22），画面中的龙王多不持宝物，其形象、服饰呈现出较高的等级性。此处的男性神祇不仅体形较小，身着衣物也较为朴素，在一定程度上展现了水族原有形态，故综合判断应为"水神献宝"。

---

①　邵小龙.化成四方：试析山西神祠元明壁画中的水神献宝场景[J].美术学报，2020(1)：27-34.

②　1982年，柴泽俊在《略论山西古代壁画》一文中指出："汾阳圣母庙壁画是明嘉靖年间的作品，内容为圣母宫廷起居、乘辇出行、龙王献宝、笙簧管箫……"

③　1997年柴泽俊在《山西寺观壁画》一书中，将原本《略论山西古代壁画》中提及的汾阳圣母庙"龙王献宝"，调整为"画面下部，居龙辇一侧的几位神祇，拱手拜别，足下波涛汹涌，身旁置有珍珠、珊瑚、玛瑙、灵芝等诸宝，当是水神或海仙向圣母献宝"。

表 4.21　　　　　　　　　　　　　　　"龙王献宝"文献记载

出处	具体记载	人物
《西游记》①	燃灯佛(老祖)投胎之前,被四海龙王叫住。只见那四个龙王一字儿着……四海龙王回答说:"愿贡上些土物,表此微忱。"	四海龙王
《佛说海龙王经》②	时龙王化作大殿,以绀瑠璃紫磨黄金庄严,宝珠璎珞七宝为栏楯,极为广大,又自海边通金银瑠璃三道宝阶,使至于龙宫,请世尊及大众至龙宫	龙王
《大云轮请雨经》③	诸龙王众即以无量香花,幢幡缯盖,珍珠缨络供养	龙王
《法华经》④	尔时龙女有一宝珠,价直三千大千世界,持以上佛。佛即受之。龙女谓智积菩萨、尊者舍利弗言:我献宝珠,世尊纳受,是事疾不?	龙女

表 4.22　　　　　　　　　　　　　　"龙王献宝"绘画及壁画案例

案例	所献宝物	出处
⑤	宝瓶、宝珠、山石	《释氏源流应化事迹·龙王赞叹》
	宝珠	《龙王礼观音》

①　吴承恩.西游记[M].北京:人民文学出版社,1980.
②　佚名.佛说海龙王经汇编[M].台北:财团法人佛陀教育基金会,2005.
③　不空译《大云轮请雨经》。
④　董群.法华经[M].北京:东方出版社,2018.
⑤　明代内府刻印《释氏源流应化事迹》,明成化二十二年(1486 年)彩绘刻本第四卷。

续表4.22

案例	所献宝物	出处
	珊瑚、宝珠	《三官出巡图》
	珊瑚、宝珠	新绛稷益庙壁画局部： 海龙王拜见三圣图像

（3）香严寺大雄宝殿北壁东西两侧壁画构图分析。

构图,在中国传统绘画中又被称为章法或布局,即画面内部空间的经营,要求搭接清晰、布局得当,以突出主体内容和情节,加深作品的感染力。香严寺大雄宝殿北壁壁画在继承明代"大士绘画"构图方式与表现手法的基础上进一步发展,画面的整体布局与明代《龙王礼观音》、北京法海寺三大士像(图4.104)一致,即以中央主尊形象为画面中心点,中心画像的四角各有人物或景物,用直线将画面的四角相连,主尊即位于直线交点处(图4.105、图4.106)。如北壁东侧壁画中文殊菩萨坐于中央石上,供奉的水神、护法、狮奴、青狮以及云雾,围绕着菩萨。以主尊菩萨为中心,形成构图上的"向心性",使观者的视线落在画面主尊上。

图 4.104　法海寺水月观音构图

图 4.105 北壁西侧壁画人物示意图   图 4.106 北壁东侧壁画人物示意图

与法海寺中三大士形象有所不同的是,香严寺的普贤菩萨、文殊菩萨非正面端坐,而是侧坐或倚靠于石上,略偏于画面中轴线,打破了对称构图的生硬感,更好地展现了大士的慈悲、柔美,进一步体现禅宗"觉悟"的宗旨。通过合理安排树木、石块等自然元素,在保持画面统一性的同时,创造出丰富的层次感和深远的空间感。这种布局方式不仅加强了画面的美感,也强调和谐与秩序的美学观念(图4.107、图4.108)。

图 4.107 香严寺普贤壁画构图   图 4.108 香严寺文殊壁画构图

(4)大雄宝殿北壁东西两侧壁画对比。

就构图而言,大雄宝殿北壁东西两侧的壁画都呈三段式四角对称布局,但东侧壁画不仅人物数量少于西侧,且人物体量也略小,画面大量留白(图4.109~图4.112)。对于人物形态的描绘,两幅壁画中央所坐的菩萨,东壁文殊,未持法器,端坐于树叶蒲团上,姿态趋于自然;西壁普贤左手持法器如意,右手结印,侧坐海中,较之东侧的文殊,姿态更加丰富与正式(图4.113~图4.120)。

图 4.109　北壁西墙右侧人物

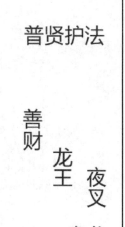

图 4.110　北壁西墙右侧人物示意图

图 4.111　北壁东墙右侧人物

图 4.112　北壁东墙右侧人物示意图

图 4.113　北壁西墙中央人物　　　　　图 4.114　北壁西墙中央人物示意图

图 4.115　北壁东墙中央人物　　　　　图 4.116　北壁东墙中央人物示意图

　　香严寺大雄宝殿中的三大士与通常见到的三大士有一定的区别。一般在三大士形象中，观音的形象及其侍者配置都应高于其他两位大士，文殊、普贤则处于相同地位，如法海寺三大士（图 4.121～图 4.123）。但大雄宝殿北壁西侧普贤壁画的布局以及人物配置都呈现出高于东侧文殊壁画的现象，这在常见的三大士形象中是极为少见的。且普

柳
树

象奴 宝象

图 4.117 北壁西墙左侧壁画　　　　图 4.118 北壁西墙左侧壁画示意图

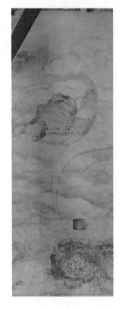

白
梦

青狮 狮奴

图 4.119 北壁东墙右侧壁画　　　　图 4.120 北壁东墙右侧壁画示意图

贤经变中的环境和人物配置,与民间紫竹观音形象确实有极大的相似之处,推测应是画师在基于自身绘制经验的基础上,融合了香严寺僧众现实需求所改绘的文殊、普贤形象。

图 4.121　法海寺普贤大士	图 4.122　法海寺观音大士	图 4.123　法海寺文殊大士

（5）大雄宝殿北壁东西两侧壁画内涵阐释。

西侧壁画所绘制的善财童子参拜普贤大士，出自《华严经·入法界品》，文中叙述了善财童子经文殊大士启发，广发善心大愿，承受教法，并向五十三位蕴藏有大智慧的菩萨以及护法求取正法，历尽艰辛，最终参拜普贤大士，得悟佛理，以成正果。善财童子的求法经历体现了禅宗"觉悟""渐悟"的教旨。香严寺是禅宗寺院，其绘制的"普贤壁画"和"文殊壁画"，借助世俗壁画形象，拉近与信仰之人的心理距离，而被广为传播，"体现出文化传播和宗教信仰中的一些特殊现象"①。

壁画以大面积海水为背景，东西两侧分别绘制了"普贤愿海"和"文殊渡海"，是比较少见的题材。首先，就整体绘画技法来说，画师对线条勾勒技法的运用已达纯熟境界，东西两侧的人物形象，尤其是主尊大士像，当属上品，反观壁画中大规模绘制的水波纹，线条则显得生硬；其次，两幅壁画绘制的大面水纹，并非单纯的传经演教，推测是当时僧众的有意之举，疑似是受到明清时期世俗风水观念的影响而进行的心理补偿。

香严寺原有上下两处寺院，上寺藏于山中，下寺临近丹江和淅水，两处相距 15 千米，地方志记载，从宋徽宗至清康熙，丹淅两水曾五次冲毁房田②。清雍正《淅川香严禅寺中兴碑记》记载"……，万历之季，丹淅合涨，平谷溢岸，下寺山门、钟楼、天王、韦驮、十八尊者洪流旧没，俨若浮海幻化矣"，相隔百年，仍可清楚描述水灾景象，可见当时这一灾害不仅对香严寺建筑本身造成了巨大破坏，对僧众及当地居民心理的冲击更是达百年之久。因此，此处壁画所绘制的普贤、文殊处于茫茫海中，实为"浮海幻化"，壁画中分别出现了龙王、水神形象，两位大士端坐海中，降临水府，为其说法，使江河湖海水神皆受三皈五戒，行大慈行，护卫正法③，而龙王水神皈依正法，能使丹淅

① 张书彬.渡海化现与法脉转移——日本醍醐寺藏《文殊渡海图》研究[J].美术观察,2018(9):112-117.
② 赵甫明,吴曾德.淅川县香严禅寺中兴碑记中的水文资料[J].中原文物,1982(1):2.
③ 明代内府刻印《释氏源流应化事迹》,明成化二十二年(1486 年)彩绘刻本.

两水风平浪静,舟航畅行无阻。由此可见,香严上寺普贤、文殊壁画通过心理补偿,达到人、建筑、自然三者的和谐统一,体现出自我完善、趋利避害的美好追求[①]。

3. 小结

通过对香严寺大雄宝殿室内壁画的考证分析可以发现,香严寺壁画一方面受到明清时期工匠世俗经验的影响,另一方面则是释门教理的集中体现。

首先,香严寺大雄宝殿北壁壁画体现世俗经验,正是画师在绘制生涯中所形成的特殊风格,如东西壁画中所绘制的大士形象与东西山墙绘制的二十四诸天图中人物形象多有相似,将传统的紫竹观音、渡海观音的特征运用在普贤和文殊的形象绘制中,这一手法应是画师在长期绘制生涯中所掌握的熟练技法。

其次,香严寺自慧忠以来历经各代发展,作为中原地区禅宗传播的重要枢纽,保有浓厚的禅风余韵,故相较于绘制规整、带有密宗特色的法海寺,香严寺大士画像更多体现了"直指人心、见性成佛"的禅宗思想。随着明清时期禅宗发展逐渐走向世俗化,僧众思想逐渐和世俗的风水观念融合,于是将心理补偿及人与自然和谐统一的思想也融入了壁画的表达中。

最后,香严寺壁画不仅是历史的见证,也是跨越时间与古人的对话,使人们得以窥见一段辉煌文明的面貌。通过对这些艺术作品的持续研究,能够更好地理解中国禅宗文化的独特魅力与深刻内涵。

---

① 潘谷西.中国建筑史[M].7版.北京:中国建筑工业出版社,2015.

第五章　佛国胜景
——香严寺的文物价值

　　《中国文物古迹保护准则》(2015年修订版)作为中国文物古迹保护的行业准则，反映了当代中国对于实物遗存的主流认知观念。该准则指出文物古迹的价值包括历史价值、艺术价值、科学价值、社会价值和文化价值，其中前三类价值即文物界常说的"三大价值"。这一价值认知体系首次出现于20世纪30年代以《古物保存法》为核心的系列法规中，在中华人民共和国成立后的第一个综合性文物法令、1961年发布的《文物保护管理暂行条例》中正式确立，一直延续到1982年的《中华人民共和国文物保护法》[①]。2000年发布的第一版《中国文物古迹保护准则》承用了三大价值体系，在2015年的修订版中，增加了社会价值和文化价值，形成了五大价值。各个国家对于历史建筑价值的评判标准呈现多样化特征，但历史、艺术和科学价值应该是最具认可度的。联合国教科文组织1972年公布的《保护世界文化和自然遗产公约》在定义文化遗产时，也是从历史、艺术和科学这三个角度对古迹(monument)和建筑群(groups of buildings)的概念进行阐释[②]。关于社会和文化价值，国内外学者很早便提及，但各自的解读并不相同。

　　香严寺是全国重点文物保护单位，本章首先以《中国文物古迹保护准则》(2015年修订版)规定的五大价值为框架，对香严寺的价值进行阐释。香严寺始于六祖慧能五大弟子之一的慧忠国师道场，同时又是开创"大中之治"的唐宣宗李忱避难和出家之地，还出现了智闲禅师、太虚禅师、宕山禅师等禅宗高僧，受到多朝敕护，在清朝时期又成为临济宗的重要门庭。香严寺位于白崖山，群山环抱，山色秀美，树木葱郁，选址

---

　　① 这个演变的具体细节，可参见王巍，吴葱.论文化遗产的科学价值[J].建筑遗产，2018(1):39-44。

　　② 原文如下："文物：从历史、艺术或科学角度看具有突出的普遍价值的建筑物、碑雕和碑画、具有考古性质成分或结构、铭文、窟洞以及联合体；建筑群：从历史、艺术或科学角度看在建筑式样、分布均匀或与环境景色结合方面具有突出的普遍价值的单立或连接的建筑群。"见联合国教科文组织官网 https://whc.unesco.org/archive/convention-ch.pdf，访问日期为2024年4月25日。

极佳。现存建筑多为清代建筑,依山就势,构成五进院落。建筑呈现典型的清代建筑风格,同时具有地方特色,雕饰(砖雕、木雕、石雕)精美,大雄宝殿内有明代佛教壁画。整体来看,香严寺具有较高的文物价值。

一、历史价值

《中国文物古迹保护准则》(2015 年修订版)指出,文物古迹的历史价值是指其作为历史见证的价值。这种历史见证,可以理解为对重要的历史人物或历史事件的见证,也可以按照时间节点来区分,比如文物古迹初建时的历史见证、文物古迹经历不同朝代的历史见证以及在当下被当做文物对待之后的历史见证,我们可以将其称之为第一历史、第二历史和第三历史。[①] 基于这样的认知,对香严寺的历史价值总结如下。

(一)见证唐代佛教禅宗南宗在北方的振兴与发展

佛教发展至五祖弘忍之后,禅宗开始分为南宗和北宗两派。北宗以神秀为领袖,主张渐悟说,主要在中国的北方弘法,深得唐王室的重视;南宗以慧能为领袖,主张顿悟说,主要在中国的南方弘法。在年龄上,神秀比慧能年长 30 岁左右。作为弘忍的首席大弟子,神秀深得弘忍的认可和赞赏,在唐高宗年间大开禅法,声名远播,得到武则天、唐中宗和唐睿宗三位帝王的礼遇,被尊称为"两京法主""三帝门师",所传禅法盛行北方,形成"北宗"。相比之下,慧能主要在南方弘法,形成"南宗",在名气和朝廷认可方面不及北宗。在唐代中期,北宗是朝廷认可的禅宗正宗。

这一局面在南宗和北宗发展至下一代时发生了变化,慧能最知名的弟子神会在岭南曹溪修道之后(图 5.1),来到南阳(龙兴寺)和洛阳尽心弘扬南宗禅法,其间多次北上与北宗进行了长期、反复的论战。最典型的事迹应属在唐开元二十二年(734 年)举办的无遮大会上与神秀弟子辩论,提出北宗"传承是傍,法门是渐",促进了南宗在北方的传播,动摇了北宗的正统地位。神会对于南宗的弘扬,对于南宗取代北宗有重要的意义。之后神会为朝廷收复东西两京筹集了一笔可观的军饷,因此受到朝廷的重视,后来更是被朝廷封为禅宗七祖。唐贞元十二年(796 年),南宗正式成为禅宗正统。

虽然神会没有和香严寺直接产生关联,但作为南宗创立者慧能的五大弟子之一、

①　借鉴了同济大学教授陆地在其专著《建筑遗产保护、修复与康复性再生导论》中对于建筑遗产的价值分析。

图 5.1　神会南参图[①]

神会师弟,在世时被多位帝王礼遇的慧忠国师,作为其道场并声名远播的香严寺,势必在神会振兴南宗的这场"运动"中起到很大的助推作用。神会在 720—745 年敕住南阳龙兴寺,而慧忠也曾在唐开元年间(713—741 年)被皇帝请住南阳龙兴寺,来此向慧忠问道的人非常多。虽不确定慧忠具体哪一年住进龙兴寺,但他和神会同时在龙兴寺弘法的可能性非常大。安史之乱后,慧忠又受到两位帝王的礼遇,这次他在京随机说法十余年,其间又经常和帝王讨论禅机,被尊为国师,声望大增,并奏请在修道之所建造香严寺。慧忠圆寂后,唐代宗命亲王护送归葬至香严寺,并建无缝宝塔。慧忠虽然没有像神会一样直接和北宗辩法,但是他对弘扬南宗禅风也做出了一定的贡献,主要体现在赢得朝廷的认可这一方面,这无疑是同时期神会奋力弘扬南宗禅风,

---

① 明代内府刻印《释氏源流应化事迹》,明成化二十二年(1486 年)彩绘刻本。

使其最终被官方认定为禅宗正宗的加持和助益。

慧忠之后,晚唐五代时期的香严寺还出现过智闲禅师。智闲禅师是沩仰宗发展初期的重要代表性人物,其对于沩仰宗的传承仅次于创始人沩山灵祐和仰山慧寂,[①]所以香严寺也算是沩仰宗的重要门庭。丹霞寺作为唐代天然禅师的道场,出现过洞山良价等曹洞宗大师,为南宗曹洞宗的重要门庭。综上来看,香严寺与龙兴寺、丹霞寺一同见证了唐代禅宗南宗在北方的振兴与发展。

(二)见证唐室皇权争夺的残酷以及李唐政权发展和佛教之间的密切关联

唐宣宗李忱,846—859 年在位,俗称"小太宗",其统治被史学家称为"大中之治",为沉闷的中唐带来了最后的短暂生机,宣宗之后很快便进入晚唐,犹如日薄西山。其前是唐武宗,发起了著名的"灭佛运动",史称"会昌灭法"。李忱为了逃避武宗的迫害,有可能在多个寺庙遁迹为僧,比较确定的一个地点便是南阳淅川香严寺。史学界一般认为武宗灭佛主要是因为佛教与朝廷之间的经济矛盾,也因为道教和佛教之间的矛盾。

据学者于辅仁考证,武宗灭佛还有一个重要原因,即武宗和宣宗之间的权力斗争。武宗忌惮宣宗对自己的皇权造成威胁,于是对其加以迫害,宣宗借机逃脱后遁入空门,武宗仍不放心,加之道士进言,暗指一位僧人将要接替武宗的皇权,引发了武宗对僧人的憎恨,便有了之后的灭佛,而这位僧人应该就是宣宗。[②]于辅仁的考证比较严谨,有一定的说服力,但将这件事理解为佛道之间的斗争也未尝不可,因为毕竟是道士进言引发了武宗对佛教的憎恨,只不过假借了宣宗出家这一由头并利用了武宗对宣宗的忌惮之心。

整体来看,宣宗李忱在继位前历经磨难,在江湖逃亡和寺庙避难的过程中可能经历过多次死里逃生,最后登临大宝还能开创唐朝的最后辉煌——"大中之治",展现了其性格中的坚韧和过人之处,也反映了皇权争斗的残酷。宣宗继位后,结束了之前的灭佛运动,对佛教倍加推崇,下令恢复全国的佛寺,凡此种种,都反映了李唐王室政权发展和佛教之间的关联,佛教可能是斗争的工具,也可能是斗争的牺牲品。

(三)见证沩仰宗早期的发展、临济宗在南阳的发展

临济宗是禅宗南宗于晚唐时期分化出的五个宗派之一,在建立初期便得到了当

---

① 伍先林.沩仰宗的禅学思想[J].世界宗教研究,2014(3):52-60;赵娜.香严智闲禅师论析[J].河南科技大学学报(社会科学版),2018,36(1):10-14.

② 于辅仁.唐武宗灭佛原因新探[J].烟台师范学院学报(哲学社会科学版),1991(3):53-60.

时民众的普遍认可,其法嗣延续至今从未断绝,是禅宗中尤其具有代表性的宗派。一般认为是临济义玄(?—867年)在河北正定的临济院开创了临济宗。临济宗于宋朝传入日本,成为日本禅宗中信徒人数最多的流派。临济义玄主要沿袭的是传其衣钵的黄檗希运的思想,但也曾礼谒过沩山灵祐等其他大师。希运禅师幼年于本州黄檗山出家,之后于洪州受教于百丈怀海禅师。前文已述智闲禅师[①]在河南南阳地区弘扬沩仰宗禅风,使得此地成为仰山慧寂江西弘法之外的沩仰宗重要传播中心。无论是智闲本人,还是沩仰宗这个宗派,都和临济宗有着非常密切的关系。两个宗派的创始人同属百丈怀海门下,宗派法嗣之间多有交集,而香严智闲本身也是百丈怀海的弟子。因此,唐朝时期的香严寺虽说是沩仰宗的重要门庭[②],但其所传播和弘扬的,和临济宗有很大交集。沩仰宗传播了一百五十年左右便消失了,这为香严寺后世能够成为临济宗重要门庭奠定了基础。

从清朝时期香严寺的第一任住持宕山禅师开始,香严寺的塔铭或墓塔碑记就展现了较为明显的法脉复兴,强调香严寺和香严寺住持的临济宗正统地位,代表性的临济宗高僧有宕山禅师、颛愚禅师、华禅禅师、道乘禅师等。根据《香严寺碑志辑录》里相关塔铭或碑记中的记载,对清代的香严寺临济宗禅师进行统计(表5.1)。

表5.1 清代香严寺临济宗禅师一览表

法名	任住持时间[③]	世系	说明
宕山禅师	1657—1664年	临济正宗第三十六世	清代第一任住持,矢志复兴
颛愚禅师	1722—1745年	临济正宗第三十六世	完成宕山遗愿,香严再兴
照熙禅师	1746年	临济正宗第三十七世	—
华禅禅师	1810—1817年	临济正宗第四十一世	—
道乘禅师	1817—1825年	临济正宗第四十二世	—
科参禅师	1825—1838年	临济正宗第四十二世	—
慧灯禅师	1839—1842年	临济正宗第四十三世	—
朴录禅师	1843—1850年	临济正宗第四十三世	—
慈秀禅师	1851年	临济正宗第四十四世	—

① 对于香严智闲禅师的介绍和研究,详见第二章。
② 赵娜.香严智闲禅师论析[J].河南科技大学学报(社会科学版),2018,36(1):10-14.
③ 任住持时间的信息参见陶善耕,明新胜.中州古刹香严寺[M].北京:中国致公出版社,2001:29.

（四）见证多元文化的交融

香严寺历史悠久,现存建筑主要是清代建筑,还有少量明代建筑,是研究河南地区地方建筑做法的较好实例。它既有北方官式建筑的影子,比如望月亭,也受到南方建筑,尤其是湖北建筑的影响,比如多处建筑大量使用插梁做法以及大雄宝殿和过厅的"假歇山"[①]做法(图5.2),还有十王殿里的抬梁穿斗混合式梁架(图5.3),都是河南地方建筑多元文化交融的体现。[②]

图5.2　过厅的"假歇山"做法(张袁酉提供)

---

①　对于"假歇山"的源流和演变,可参见喻梦哲,张陆."假歇山"概念溯源及其类型浅析[J].建筑遗产,2023(3):84-93.第四章已述,本书认为将大雄宝殿的屋顶称为"五开间两落翼"更为合适。这里为了避免不必要的误会,仍然采用"假歇山"的表述。

②　杨焕成.杨焕成古建筑文集[M].北京:文物出版社,2009:40-41.

图 5.3 十王殿的抬梁穿斗混合式梁架

香严寺大雄宝殿建筑内墙绘有壁画,为典型且不可多得的明代寺观壁画精品。香严寺壁画内容丰富、情节多样、人物复杂,充分表现出明代中国儒释道三教的大融合。[①]

二、艺术价值

《中国文物古迹保护准则》(2015 年修订版)指出,文物古迹的艺术价值是指文物古迹作为人类艺术创作、审美趣味、特定时代的典型风格的实物见证的价值。这里的艺术价值本质上是一种实物见证的价值,见证了特定时期特定人群对于艺术的理解,一言以蔽之,见证了艺术的发展。艺术的发展本就是历史的一部分,即艺术史,所以准则中的艺术价值,其实也可以视为一种历史价值。奥地利艺术史学家阿洛伊斯·李格尔(Alois Riegl,1858—1905 年)很早便注意到这个问题,他指出古迹的历史价值

① 岳全.从南阳香严寺壁画看儒释道文化融合[J].文物鉴定与鉴赏,2023(8):17-20.

是对人类所有过去的行为和事件的见证，每一件艺术品都具有历史价值，因为它反映了艺术发展的特定阶段；[①]当代知名学者陆地对这个问题也有过深入的阐发[②]，而本书认为应该结合中国传统文化的特点，具体地阐发文物古迹的艺术价值。

在中国，很多古迹本身的艺术个性或特性并不是特别突出，通俗来讲就是形象普通，但随着历史变迁，一代又一代的人以多种形式和古迹产生了大量的互动，如登高凭吊、题字赋诗、撰文作画，产生了怀古诗文和游记书画等多种文学艺术作品。这些人物的活动和作品，构成了文物古迹的历史，让我们今天在认知古迹时有了更多的体验和感悟，由此激发的审美意象和情感愉悦，显然要比艺术作品本身的艺术个性或特性更宽泛。正如明朝重臣、学者商辂在《重建岳阳楼记》中说道："嗟乎！物不自美，因人而美，此美理也。"

如对于世界文化遗产杭州西湖[③]来讲，丰富的历史传说和人文典故等是其独特魅力，这一点对游客的吸引力可能要高于其本身的艺术个性和特性。又如黄鹤楼、滕王阁、谢朓楼等中国古代名楼，虽然都是改革开放之后重新建造的现代仿古建筑，但并不妨碍人们游览时对于迭代累积的人文传说和历史典故的感悟和共情，更遑论岳阳楼、蓬莱阁等"货真价实"的中国古代建筑。

综上，我们从内在价值和外在价值两个角度来理解艺术价值，内在价值可以理解为古迹本身的艺术个性和特性，以及对艺术史的见证；而外在价值可以理解为人们与古迹互动时基于古迹丰富的历史而产生的体验、感悟和享受，是美学层面或精神层面的精神价值或情感价值。

（一）内在艺术价值："三绝一宝"和巧妙的建筑群布局

对于了解香严寺的人来说，香严寺的"三绝一宝"是耳熟能详的，即木雕、砖雕、石雕（图 5.4～图 5.6）和大雄宝殿内的壁画。

香严寺的石雕主要集中在大雄宝殿前碑刻的碑首、入口的石牌坊和石狮子上，砖雕主要集中于大雄宝殿正立面的檐墙、窗户及周围和藏经阁的墀头上，而木雕则体现在大雄宝殿正立面的门、檐墙、斗拱、藏经阁的额枋以及韦驮殿北立面的额枋处。这些雕刻主要是清代的，非常精美，是豫西南地区民间工艺和审美趣味的体现。壁画绘制在大雄宝殿内壁周匝，面积约 403 平方米，以二十四诸天和颔首浅笑的普贤菩萨、文殊菩萨为主要人物，是儒释道三家思想融合的体现。壁画虽绘制于明清时期，但颇具盛唐吴道子之遗风，为中原地区明清寺观壁画的一颗明珠。

---

①　王巍.西方"权威化遗产话语"的再认识及其在中国的本土化表达——对若干重要主题词的讨论[D].天津：天津大学，2023.

②　陆地.建筑遗产保护、修复与康复性再生导论[M].武汉：武汉大学出版社，2019:47-59.

③　西湖属于文化景观，是文化遗产的一种特殊类型。

图 5.4　香严寺大雄宝殿的木雕(门扇上)(张袁酉提供)

图 5.5　香严寺大雄宝殿的砖雕(檐墙上)(张袁酉提供)

图 5.6 大雄宝殿前的碑刻石雕（迟鸿津提供）

除了"三绝一宝"，香严寺作为明清时期豫西南地区佛教建筑的代表，在对建筑群的处理上也体现了较高的设计意匠，展现了较高的艺术水准。香严寺整体可以分为七层台地，宏观上来看，每层台地的建筑配置和体量都经过精心的设计，最后形成和谐、丰富的空间序列。例如，在一座建筑的边界或中心等节点处看向另一座建筑时，映入眼帘的画面是经过精心设计的，站在过厅的最南面一层踏步处向上看，正好可以看到大雄宝殿的当心间的上半部分直至屋脊，如图 5.7 所示。而站在过厅通向下一个院落的最后一处踏步处向大雄宝殿看，正好可以看到大雄宝殿的明间和左右各一次间，而上面的正脊也刚好全部出现，并且在过厅的额枋、雀替等构件框景下形成一幅经典的画面，如图 5.8 所示，这在中国古建筑中常被称为"过白"①。又如站在法堂和望月亭之间院落的中心，即地下铺装南北和东西道路交叉点界定处的中心向南看，正好可以看到望月亭的二重屋顶正脊与后面的大雄宝殿正脊重合（图 5.9），而走到法堂最外一处踏步回头看，正好可以看到望月亭的一重檐屋顶正脊和大雄宝殿的正脊重合（图 5.10）。类似这样的"巧合"还有不少，应该是有意为之。

---

① "过白"是一种中国古建筑的空间处理手法，王其亨在其著作《风水理论研究》中有详细的剖析。

图 5.7　站在过厅最南面的一层踏步(第一层踏步)处向北看

所以,香严寺内在的艺术价值除了体现在明清时期豫西南地区宗教建筑的通行做法和式样上,还体现在各层台地之上的单体建筑位置、面阔、进深与高度等的考量以及由此带来的空间序列和观赏体验上,这是其艺术个性和特性的体现。

(二) 外在艺术价值:多角度叙事构筑的美好图景

香严寺的历史,关联了一众历史名人,如六祖慧能的得意弟子、受三朝礼遇的慧忠国师,继位前东躲西藏、继位后开创"大中之治"的唐宣宗李忱,锄草时闻瓦砾击竹而顿悟的沩仰宗大师智闲禅师,吟诵"白崖山下古禅刹"的一代名臣范仲淹,宋代"第一诗僧"如璧禅师,济公活佛式的元代牧牛和尚悫憨,还有明代太虚和清代数位临济宗高僧等,这些重要人物编织起的历史脉络,点缀了许多历史典故:香气琴仙无缝塔,

图5.8 站在过厅最北面的一层踏步(最后一层踏步)处向北看

剃度联诗指月空,牧牛伏虎活济公,超度亡灵赐显通①。这些人物留下了不少文学艺术作品,而这些人物和典故本身又成为后人进行文学艺术创作的题材,代代流传,迭代累积,造就了香严寺厚重的历史。除这些典故之外,香严寺还流传着很多趣事传说,反映了不同时代底层民众的朴素愿景和精神追求,比如分辨善恶的"痒痒树"、生于石上的无根柏以及关注国家大事的"政治信息树"等(详见第三章"香严八景")。

历史典故属于典型的精英上层叙事,而趣事传说则属于民间叙事,多角度叙事构成了人们心中的香严寺图景。香严寺记载着世事的沉浮,既有万顷香严、诸山之冠的风光,也经历过变卖田产的衰落;既有天家帝王的皇权争夺,又有禅宗高僧的遁世修行;既有一代名士的残句诗,又有民间野僧的牧牛事。游览其中,难免不沉醉和遐想,或是对兴亡的感慨,或是对先人的缅怀,是一种面向过去的怀古之情,也是一种回应当下和展望未来的现实之叹,如明代作家归有光所说,"瞻顾遗迹,如在昨日,令人长号不自禁"②。这正是香严寺的外在艺术价值,是人们心中的美好图景。

---

① 此四句描述的分别是慧忠国师、唐宣宗李忱、憨憨和尚和太虚禅师。

② 出自归有光的《项脊轩志》。

图 5.9　望月亭的二重屋顶正脊与后面的大雄宝殿正脊重合

图 5.10　望月亭一重檐屋顶正脊和大雄宝殿正脊重合

三、科学价值

《中国文物古迹保护准则》(2015年修订版)定义的科学价值,是指文物古迹作为人类的创造性和科学技术成果本身或创造过程的实物见证的价值。这里的科学价值本质还是对科学技术发展史的见证价值,也是历史价值的一部分。

香严寺木构建筑的营造做法是对豫西南地区建筑技术发展史的见证。在木构架方面,抬梁式和插梁式均有使用,插梁式做法本身兼具抬梁和穿斗的特点,但香严寺的插梁做法更加偏向穿斗,可视为南方穿斗到北方抬梁的一种过渡;在屋面做法方面,主要采用屋面分水,同举折、举架和提栈不同,在进深和脊檩高度确定之后,根据柱子的位置来确定步架的大小,使室内空间更具有灵活性;在建筑的尺寸控制、主要构件的尺寸和比例关系方面,香严寺大量使用了"压白尺"做法以及少量的"丈八八"做法,并且大量运用了黄金分割比、与$\sqrt{2}$矩形非常接近的"方五斜七"比例以及中国古代传统的"天圆地方"等经典比例。除去这些偏向工程技术的做法之外,前述的"三绝一宝"所依托的营造技艺也是古人创造性的见证。这些都是香严寺的科学价值。当然,科学价值和前述的历史、艺术价值是不可分割的,要辩证统一地看待。整体来讲,它们都属于文物的本体价值,即不依附于社会或当下而存在的固有价值,而下文要探究的社会价值和文化价值,则反映了香严寺和当下社会的直接关联。

四、社会价值

《中国文物古迹保护准则》(2015年修订版)指出,社会价值是文物古迹在知识的记录和传播、文化精神的传承、社会凝聚力的产生等方面具有的社会效益和价值。对于香严寺而言,其主要的社会价值应体现在社会凝聚力这一方面,当然,其存在本身对于佛教知识的记录和传播是非常有益的。

香严寺以其悠久的历史、精美的建筑和怡人的环境成为南阳市淅川县的一张名片,对于增强淅川人民的凝聚力和地方认同感意义重大,如当代作家夏冠洲以宣宗出家香严寺为主题创作长篇小说《古刹潜龙》,又如知名导演高希希选取香严寺作为乡村振兴题材电视剧《花开山乡》的主要拍摄地等(图5.11)。20世纪90年代,淅川县举办了"爱我淅川、兴我香严"的捐款活动,将款项用于香严寺的修缮。

淅川县还举办多届"南水北调中线渠首·美丽淅川"全国摄影大赛,很多获奖作品以香严寺为题材。如此种种,更多地展现的是香严寺的外在形象,如建筑和环境,这确实是提升社会凝聚力的重要方式,但同样应该注重发挥香严寺承载的禅宗文化的作用,而这势必促进香严寺旅游经济的发展,促进社会经济效益的提升,这也是其社会价值的一部分。

图 5.11　香严寺作为《花开山乡》中芈月山村村委会所在地

五、文化价值

《中国文物古迹保护准则》(2015 年修订版)指出,文化价值主要指文物古迹因其体现民族文化、地区文化、宗教文化的多样性特征而所具有的价值;文物古迹的自然、景观、环境等要素被赋予了文化内涵所具有的价值;与文物古迹相关的非物质文化遗产所具有的价值。香严寺所关联的佛教文化,主要围绕慧忠国师、智闲禅师、憨憨和尚、太虚禅师以及清代的众多临济宗禅师等人物,而"香严八景"和很多古树名木,除去年代久远带来的历史沧桑感之外,还有很多奇妙有趣的传说,成为当地人茶余饭后的谈资和游客争相观赏的对象,具有一定的文化内涵。

六、权威话语之外:利益相关者视角下的再阐释

在西方的建筑遗产保护理论中,存在着"权威化遗产话语"(authorized heritage discourse)[①],它对当今国际主流的遗产保护理论产生了重要的影响。它主导了世界对遗产的认定和言说方式,使某些对遗产的认识普适化,使其他有关遗产的认识被边缘化。当然,权威化遗产话语对于中国也产生了一定的影响。无论是三大价值还是五大价值,都是中国学者基于本土文化所进行的理论探索,但也有西方理念的影子。本质上来讲,这些价值认知体系,也是权威化的遗产话语。跳出权威,或许有一种新的认知可能。这样的思考并不是一时起意,而是作为文物建筑保护者,可能需要回答一些回归现实的问题,比如在当下这个时代,对于目前香严寺周边的普通百姓来讲,它的价值到底是什么? 对于来到这里的其他人,它的价值又是什么呢?

回答这些问题需要引入"利益相关者"的概念。利益相关者(stakeholder)是源自西方的概念,最早出现于 20 世纪 60 年代美国的一项研究中,这项研究的主要内容是,利益相关者代表与主体利益具有联系的群体,假如失去了利益相关者的支持,那么整个体系也将失去根本。后期比较著名的研究成果就是弗里曼[②]的定义,他认为利益相关者在一定程度上可以影响主体利益的决定,也可能被主体利益所影响,这一概念的涉及面较广,最初主要被应用在公司管理方面。[③] 后来利益相关者的概念被引入建筑遗产的保护与开发利用中。在文物建筑保护的语境中,利益相关者即其利益与建筑遗产的未来发展密切相关的人或群体组织。通过明晰利益相关者,我们能迅速抓住直接影响香严寺未来发展的主客体,进而厘清对于这些利益相关者(图 5.12),香严寺到底有什么样的价值这一问题。

政府作为文物建筑保护事业的主要推动者,它之于任何一个文物建筑,都是级别最高的所有者,因而没有单独讨论的必要性。回到香严寺本身,最主要的利益相关者应该就是香客、游客和周边居民,其次还有直接参与香严寺保护与管理工作的文物部门、宗教事务部门和其他组织,如代表民间资本的组织,即负责香严寺开发的企业。

---

① 澳大利亚学者劳拉简·史密斯(Laurajane Smith)2006 年提出的一种理解遗产的概念。

② 其在 1984 年出版《战略管理:利益相关者的方法》,英文名为 *Strategic Management:A Stakeholder Approach*。

③ 杨淳. 利益相关者视角下的泉州西街保护开发研究[D].泉州:华侨大学,2017.

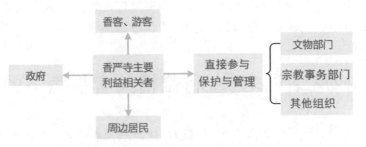

图 5.12　香严寺的主要利益相关者

文物部门的责任包括充分挖掘香严寺的价值并对其进行保护和传承,宗教事务部门则注重佛教文化的传播、佛事活动的举办等,代表民间资本的组织则更注重文物价值挖掘与传承所带来的经济效益和影响力。香严寺之于文物部门、宗教事务部门和其他组织,可以说是一种责任和义务,因为它们都可视为香严寺的"直接所有者",它们需要将香严寺及其价值和文化呈现、传播给他人。当然,它们各自的附加动机不尽相同,或是单纯的文化传播,或是文化传播带来的经济效益,但不必深究,因为都是以价值为核心的传播行为,因而最值得讨论的应是香严寺的香客游客和周边居民。对于这两类利益相关者来说,香严寺具有怎样的价值?

(一)对香客游客的疗愈价值:自我和解与成长

2023 年以来的旅游大数据表明,寺庙成为年轻人出游的"新宠",被网络媒体称为"寺庙热",甚至还出现了最受年轻人喜欢的寺庙评选活动,灵隐寺(图 5.13)、寒山寺、白马寺、少林寺等知名寺庙都俨然在列。同样流行的还有寺庙推出的周边产品,比如寺庙咖啡、素食斋饭等。以往印象中,初一、十五及重要节日里,寺庙通常都挤满上了年纪的香客游客,现在一些年轻人也开始去寺庙寻求心灵的宁静,这其实是一种排解内心迷茫和困惑的方式,也是一种成长的方式。身处当下这个充满变革和躁动的时代,他们在寻求某种自我和解,这种心理已经成为一种社会共性心理[①],在声声佛钟和漫漫香火中,暂以慰藉。当然,这种对庙宇文化的探索并不是消极遁世。

由此看出,寺庙在当下的旅游市场中具有不可低估的潜力,对当下的香客和游客而言,具有疗愈价值。香严寺坐落于山水之间,历史悠久,环境清幽,着实为一处自我和解与成长的精神乌托邦,只不过目前没有被充分发掘。

---

　　①　中国传媒大学文化发展研究院副院长卜希霆认为,外部环境压力下年轻人的心理状态出现转变,寻求心理解压或慰藉成为共性;另外,部分年轻人探索庙宇文化未必是消极遁世,修禅悟道也是谋求身心短暂放松的方式。

图 5.13　杭州灵隐寺大雄宝殿游客众多（周悦煌提供）

（二）对周边居民的双重价值：赋能经济和增强地方认同

对于香严寺周边居民来说，香严寺主要有两个层面的价值：一是香严寺作为文化旅游资源，能够带动周边经济发展；二是香严寺作为豫西南地区知名的古代佛教建筑，能够增强周边居民的地方认同。第一个价值是物质层面的，第二个是精神层面的。

目前香严寺在带动周边地方经济方面，仅突出体现在香客和游客吃饭住宿所需要的一些服务行业，这是大部分寺庙或其他旅游景点都能为本地经济提供的创收渠道。但问题是香严寺的香客和游客数量目前并不是很多，所以这些服务行业也并不需要太多的周边居民（图 5.14）。如果大部分香严寺周边的居民只是靠情感认同来维系和香严寺的关系，香严寺的保护和发展势必不会走远。因为众多的遗产保护和开发案例[①]表明，大量持续的公众参与、多方共同缔造、以人为中心的保护和开发模式才能实现建筑遗产保护的可持续发展。香严寺在文化赋能经济这个方面，有很大的潜力和发掘空间，前文所述的寺庙咖啡、素食斋饭等都是很好的借鉴，但要注意差异化和多样化的文化阐释。

---

①　比如同济大学教授邵勇主持的平遥古城的保护与开发利用案例。

图 5.14　香严寺入口广场前的闲散商贩

　　地方认同本质上可视为一种最朴素的原生归属感和自豪感。香严寺作为一种精神纽带,连接佛教人士和普通民众,连接仓房镇、淅川县乃至南阳市的人民。地方认同情感的存在与提升应该是实现建筑遗产保护可持续发展的重要基础和保障,它和文化赋能经济的效果之间也存在着关联,是一种互相促进的关系。发挥好这两种价值,对于香严寺的发展具有重要意义。

第六章　探幽揽胜

——香严寺的保护与发展

香严寺所在的淅川县仓房镇,地处秦岭终南山东麓、豫西南与鄂西北接合部、南水北调中线源头丹江口水库西岸。这里不仅是佛文化圣地,还是楚始都丹阳所在地,分布有楚国古墓群,而且渔业资源、森林资源、山水资源极为丰富,十分适宜发展生态旅游产业。"十二五"期间,该镇整合香严寺、楚国古墓群等文化资源和坐禅谷、上寺森林公园等生态资源,发挥南水北调中线水源地品牌和仓房小气候优势,大力发展佛文化生态休闲度假游、滨水垂钓休闲度假游,致力于把仓房建设成丹江湖畔休闲之岛。

仓房镇先后引进河南省万政置业集团有限公司(简称河南万政集团)、德丰利达资产管理集团有限公司(简称北京德丰利达公司)等企业,斥资 3.9 亿元打造香严寺景区综合性服务广场,包括香严寺、坐禅谷、圆梦苑、狩猎场等自然、人文景观十余处。其中,香严寺景区先后投入 1.5 亿元,全面实施内外改造工程,完成了菩萨殿、西厢房、静养院修复和寺外游步道改造升级工程。① 因而,香严寺也迎来了游客数量的井喷式增长,2014—2015 年,香严寺的年游客量将近百万人次,和淅川县另一处全国重点文物保护单位——荆紫关明清古建筑群共同成为淅川县三产的主导产业。② 2018 年6 月开始,香严寺门票由原来的 60 元/人次上调至 80 元/人次。③ 2020 年开始的三年疫情期间,全国旅游业都受到严重冲击,香严寺的游客量也出现锐减。2023 年疫情防控政策调整之后,大数据显示很多知名寺庙成为年轻人出游的"新宠",比如杭州

---

① 来自淅川县人民政府网站,https://www.xichuan.gov.cn/zw/jrxc/content_8100,访问日期为 2024 年5 月 5 日。

② 来自淅川县人民政府网站,https://www.xichuan.gov.cn/zw/jrxc/content_6648,访问日期为 2024 年5 月 5 日。

③ 来自淅川县人民政府网站,https://www.xichuan.gov.cn/zw/gsgg/content_11653,访问日期为 2024 年5 月 5 日。

的法喜寺、灵隐寺等,它们推出的寺庙咖啡、手串等文创产品火爆网络,但香严寺还是保持着传统的旅游发展模式,游客数量并没有迎来反弹。从 2024 年"五一"假期来看,香严寺的游客数量仍然少得可怜,与相距仅 1 千米且被一体化打造并宣传的坐禅谷相比,差距较大。当然,坐禅谷属于偏向自然景观的山水风景区,而香严寺属于人文、自然景观兼有但以人文景观为主的寺庙类景区,受众本身有区别,但这不是根本原因或者不是主要原因,因为香严寺也曾门庭若市。因此,如何实现香严寺的保护和发展,是一个值得深思的问题。

一、香严寺保护与发展现状

目前来看,香严寺的保护与发展主要存在以下几个问题。

(一)基础服务和旅游服务设施有待健全,零售业态单一

香严寺周边的基础服务设施和旅游设施存在一些问题,比如从外界通向香严寺的重要道路也是唯一道路的文清线,为淅川县重要的农村公路,它连通豫鄂两省交界处的多个村庄,也连接香严寺、坐禅谷等重要景点,但仅为双车道,亟待升级改造;香严寺南门,也就是主入口处,有一个停车场,但是规模较小(图 6.1);主入口附近的宾馆和饭店数量较少,而且条件一般,住宿和用餐体验比较差,特色饮食以丹江鱼为主,稍显单调;香严寺景区内部的建筑面积约为 4000 平方米,整个景区占地面积约为 32 平方千米,但是目前没有配置观光车,在景区内游览主要靠步行,而且有一些景点比较隐蔽,附近的道路也没有开辟出来,影响了可达性;香严寺周边及寺内零售业态较为单一,除停车场旁有出售祈福用品的商铺外,只有香严寺内部有一个小商店,出售一些瓶装饮料和方便食品,更遑论颇受年轻人喜欢的奶茶咖啡、特色小食以及特产或文创产品了。

(二)管理与合作机制存在问题,容易互相掣肘

从利益相关者的视角来看,香严寺目前的保护与发展牵扯到多方人员,涉及文化旅游部门、宗教事务部门、河南万政集团、北京德丰利达公司、国有林场、仓房镇及磨沟村等多个主体。为了更好地保护香严寺,淅川县文化广电和旅游局设置二级单位香严寺文管所,专门负责香严寺文物建筑的保护与发展;根据香严寺客堂外的香严寺教职人员信息公示栏,寺内目前有 5 位教职僧人,其中 1 位为住持,这些人是宗教事务部门的代表;河南万政集团、北京德丰利达公司曾与仓房镇签署协议,提供资金致力开发香严寺——坐禅谷一体化景区;香严寺所在地区有大片的国有林场;香严寺所在

图 6.1　香严寺主入口处停车场

地的行政区划属于仓房镇磨沟村,势必会和当地居民发生很多关联,比如寺里有很多居士①,大多来自磨沟村及仓房镇其他村落,除了参加佛事活动,他们中的有些人也为佛寺做义工。这些机构和团体之间的关系错综复杂,在共同管理或参与香严寺的保护与发展时,容易出现互相掣肘或推诿的情况,影响景区建设发展。

(三) 景区旅游产品单一,缺乏差异性和多样性

目前的香严寺景区主要还是遵循比较传统且常见的旅游发展模式,基本的体验和感受一般无二:自然环境优美,寺庙建筑沧桑;佛像庄严,香烟缭绕;有厚重的历史,也有精彩的传说;当然还有不经意间经过的穿着僧衣、略显神秘的僧人(图 6.2)。这样的旅游体验稍显平淡和乏味,已经不太能满足当代游客以体验性消费为主的旅游诉求,因而 2023 年以来很多寺庙推出寺庙咖啡、菩提手串等文创产品来吸引游客,尤其受到年轻人的追捧,这样的差异化和多样化的旅游产品,是香严寺比较缺乏的。

---

①　居士是指在家修持佛法的佛教徒。

图 6.2　香严寺内扫地僧人

二、保护与发展的方针和原则

（一）从 22 字方针谈起：关联和体验

党的十八大以来，以习近平同志为核心的党中央高度重视中华优秀传统文化传承弘扬和文化遗产保护利用工作。习近平总书记多次就文物工作发表重要讲话，强调要增强历史自觉、坚定文化自信，要把保护放在第一位，要像爱惜自己的生命一样保护好历史文化遗产，坚持在保护中发展，在发展中保护；强调让文物和文化遗产"活"起来，统筹好文物保护和经济社会发展。习近平总书记的论述为文物保护发展工作指明方向。2022 年全国文物工作会议召开，会议提出了新时代的文物工作方针："保护第一、加强管理、挖掘价值、有效利用、让文物活起来。"（简称 22 字方针）这也是香严寺保护与发展工作需要贯彻的基本方针。

　　22 字方针并不是突然提出的,而是在长期的探索和实践中形成的。2002 年修订颁布的《中华人民共和国文物保护法》确立了"保护为主、抢救第一、合理利用、加强管理"的文物工作 16 字方针。文物工作方针由 16 字变为 22 字,其主要变化一是强调对于价值的挖掘,二是让文物"活"起来,目标是为文物找到现实出路,这也正是香严寺的文物工作应该格外重视的。

　　文物保护工作的核心是价值,包括价值的挖掘、保护和传承等。近年来有很多文物古迹的保护和开发项目,虽然都涉及价值挖掘和保护,但有些流于形式,最后保护工作和利用开发效果不佳。2016 年被曝光的辽宁"最美野长城"经过修缮,失去了自然朴实和参差错落的风貌(图 6.3)。2021 年网民反映"河南杨廷宝故居部分建筑被改作饭店"问题,杨廷宝为与梁思成齐名的近现代建筑大师,1901 年出生于南阳,其祖宅杨家大院也就是网友反映的"杨廷宝故居",在 2022 年之前被用作饭店(饭店名称为"杨家大院",图 6.4)。

图 6.3　"最美野长城"修缮前(左)后(右)对比图

　　基于文物价值的挖掘、保护和传承,才能实现我们的最终目的——让文物"活"起来,这也是大多数文物的现实出路。大多数文物不能采取博物馆式的保护方法,在当下文旅融合的大背景下,文物应该和社会民众发生关联,这种关联不仅仅是文物周边百姓对于文物的情感认同,也不能仅仅是在香严寺周边为游客提供餐饮服务,同样不能仅仅是来自或远或近地区的游客到香严寺游览,且这种游览只停留在视

图 6.4　2022 年之前被用作饭店的杨家大院

觉体验上的欣赏,即"四处看看"和用手机拍照片、发布朋友圈而已。这里所说的要和社会民众发生的"关联",是基于香严寺文物价值的关联,是有文化深度的关联,是多方参与的关联,是形式多样的关联。这种关联也可以理解为人和文物之间的互动,这种互动越多样、越丰富、越独特、越深刻,文物才越有可能"活"起来。要注意这样的关联必须是可持续的,不能一味地追求短期目标,如此才能实现真正意义上的文物活化利用。

关于文物与周边民众的关联和互动,平遥古城的保护是一个很好的案例①。平遥古城是典型的人居型遗产,即遗产的空间和居住其中的人的行为构成了平遥古城最本真的"生活"。基于此,保护坚持"以价值为基础"和"以人为核心",强调从"精英规划"到"共同缔造"的工作方法,构建"政府引领、专业协同、社会参与"的遗产保护治理体系。具体的做法是提供公众参与和表达的渠道,与利益相关者进行面对面谈话,开展"美好平遥"社区工作坊等,通过这些举措,让当地百姓真正参与到平遥古城的保护和发展中,提升其主人翁的自豪感和责任感,实现平遥古城可持续发展。

文物与游客的关联和互动也有很多的成熟案例。前文提到的寺庙咖啡、菩提手串、素食斋饭等,都是寺庙建筑带给游客的特色体验。非寺庙类的文物活化也有可借鉴之处,比如广州南粤古驿道的活化利用。南粤古驿道属于典型的文化线路型文化

---

① 此处对于平遥古城保护案例的介绍,来自同济大学教授邵甬在 2024 年 4 月 18 日的中国古迹遗址保护协会学术研讨会上所作的学术报告。

遗产,现有遗存主要是古驿道的本体以及相关的史迹遗存,分布特点是少、散、远。南粤古驿道主要的活化功能是作为定向越野的体育赛事场地,承办某种特定主题的文化之旅,作为户外课堂的艺道游学场所等,这些功能可以为游客提供丰富多样的体验,除满足一般游客的需求之外,还能满足体育爱好者、文化爱好者、游学人员等不同人群的需求。

(二)跳出关注物质的范式:真实性保护

随着国家对文物工作的重视和民众文化自信的提升,文物和文化遗产的保护和发展迎来了新的契机。

1982 年的《中华人民共和国文物保护法》提到文物修缮的基本原则是不改变文物原状,反映了对于文物保护中真实性原则的重视。《中国文物古迹保护准则》(2015 年修订版)里明确提到真实性是文物保护工作的基本原则。真实性(authenticity)是源自西方遗产保护理论的概念,最早出现于 1964 年的《威尼斯宪章》[①],之后得到重视和讨论,在 20 世纪末达到一个高潮,应运而生的是 1994 年在日本通过的《奈良真实性文件》[②]。此文件提出应该在文化多样性的背景下认识遗产的真实性,同时要注意评价真实性的信息来源,信息来源的真实性决定了遗产的真实性,进而决定了遗产的价值。《奈良真实性文件》回应的是东西方对遗产真实性的不同认知。以《威尼斯宪章》为理论基础的西方经典保护理论尤其重视遗产物质本体的真实性,一般认为重建的遗产物质是没有真实性的。后来随着西方保护理论的不断发展,也随着东方以木构建筑为主的文化遗产越来越受到认可和重视,国际层面对于真实性的认知更加多元和包容,尤其是对于物质本体所负载的非物质信息的关注和认可,认为这些非物质信息其实也可以反映遗产的真实性,也就是说,保护真实性从关注物质本体到同时关注物质和非物质的存在。

在香严寺的保护工作中,真实性原则是必须遵循的原则,是底线之一。根据上面的剖析,一般意义上的保护真实性需要尽可能地保护文物建筑的历史风貌和空间格局,同时注意保护物质本体所负载的信息。但是考虑到中国木构建筑所产生和依存的文化背景,应该接受一定程度的构件更换和局部复原,这也是中国的传统做法,并且不应该被认为是对真实性原则的背离。[③] 中国学者积极探索并凝练的文物修缮

---

① 宪章开篇提到,将它们(历史纪念物)真实、完整地传承下去是我们的职责,原文是 it is our duty to hand them on in the full richness of their authenticity。

② 英文名为 *The Nara Document on Authenticity*。

③ 《北京文件》,于 2007 年 5 月举办的东亚地区文物建筑保护理念与实践国际研讨会上形成。

"四原"原则——原材料、原形制、原结构和原工艺,①表达的也是类似的真实性观念,即文物修缮时如果遵从了"四原"原则,应该被认为是具有真实性的。但依据传说重建的建筑,是没有真实性的,但没有真实性不代表没有意义。比如四大名楼中的黄鹤楼、滕王阁、鹳雀楼,安徽的谢朓楼,杭州的雷峰塔,洛阳的明堂天堂等,这些都是人们耳熟能详的建筑。现在的它们都是改革开放后重新建造的,如黄鹤楼(图6.5)为1985年重建,雷峰塔为2000—2002年重建,洛阳名堂天堂为2010年前后重建等。从文物的真实性来说,这些都不算是文物,但它们对于当代人有重要的意义,或是一

图6.5 黄鹤楼

---

① 此原则出自《曲阜宣言》。此文件于2005年5月在山东曲阜召开的当代古建学人学术研讨会上获得通过,是由罗哲文先生提议并牵头,由我国民间组织起草并通过的我国自己的古建筑保护与修复宪章。此文件对以木结构为主体的我国古建的特点、古建筑修建的"四原"原则、古建筑修缮在不同层面的任务、我国木构建筑的优缺点及日常保养的重要性、古建筑修缮的最小干预原则、关于落架大修问题、关于油饰彩画问题、关于修缮原则问题、关于"修旧如旧"提法的弊端、关于已毁文物的重建问题、关于对传统工艺技术传承问题的重要性以及人才培养问题、关于确保文物存在的原则问题等十二个方面的问题,进行了综合、系统的阐述。

种精神象征,或是一种情感寄托,对于周边百姓甚至是大多数中国人来说,能够引发情感共鸣和带来精神慰藉。可以说它们延续了历史,而自己也成了历史。这种历史的传承可能要比单纯保存物质的真实性更包容、灵活,甚至更有意义,因为物质保存得再好,总有一天要消亡。所以保护真实性要注意非物质的信息,同时要注意构成文物历史的不同时代的信息,这些迭代累积的信息就像地层一样,彰显着现存物质本体所不能承载的历史,让这些建筑真正地世代相传。

综上,应该对香严寺的真实性有一个更宏观的认知,虽然香严寺主要的建筑基本都是清代修建,而且其格局历经多次改动,甚至轴线东侧的钟楼建于 21 世纪,但其历史可以追溯至唐代,有文献和碑刻为证。所以其真实性应该理解为从唐代至当代的历史和现存的明清建筑共同构筑的复合范畴:历史可以理解为信息层位,而明清建筑可以理解为物质层位,两个层位共同构成了香严寺的真实性。这样的真实性认知对于后面工作的开展有重要的指导意义。

除了前文提到的基本工作之外,还应该将今后所有的干预和扰动都记录下来,将这些信息变成新的信息层位,融入香严寺的历史信息层位中。这些记录应该尽可能客观、翔实和准确,以便后人通过这些信息去认知香严寺。这样一来,信息层位会是一种迭代累积并赓续传承的状态,而我们也不用太过受限于物质本体的永久保存。就像 2019 年巴黎圣母院失火、2024 年河南大学明伦校区大礼堂失火,不论是文物工作者还是普通的社会民众,都会深感痛心,在严肃彻查失火原因并问责的同时,我们不仅要思考如何健全文物保护和修缮机制,以避免此类问题的发生,也要制订针对此类问题的预防和应对措施。信息层位的累积,其实就是对此类问题的一种预防,物质本体可能会突然消亡,但其历史信息却是可以牢牢把握并且代代相传的,根据这些历史信息,我们可以灵活从容地选择是否对其进行复原。就像《会安草案——亚洲最佳保护范例》所说:真正发生过什么,可能比物质本体更能反映真实性[①]。古人同样珍视古迹,看重古迹所关联的人和事,正如清同治《临武县志》所载,"非艳其迹,实钦其人也"。这体现的是中国古人看待文物古迹超脱且明智的态度,比强行保留物质本体的样貌更加顺应自然界万事万物的发展规律。

(三)保护与发展的另一底线:保护与商业化的平衡

除去真实性之外,还有很多原则,比如不改变文物原状、完整性、最低限度干预、保护文化传统、使用恰当的保护技术和可识别等。不改变文物原状在讨论真实性时已经提及,不再赘述;完整性是对文物的价值、价值载体及其环境等体现文物古迹价

---

① 原文是 In a number of living cultural traditions,what makes a relic authentic is less what it was(in form)than what it did。

值的各个要素的完整保护;最低限度干预是应当把干预限制在保证文物古迹安全的程度上;保护文化传统是当文物古迹与某种文化传统关联,文物古迹的价值又取决于这种文化传统的延续时,在保护文物古迹时应该考虑对这种文化传统的保护;使用恰当的保护技术指应当使用经检验有利于文物古迹长期保存的成熟技术,而且保护措施不得妨碍再次对文物古迹进行保护,在可能的情况下应当是可逆的;可识别是指增补添加的构件和要素应该和原来的物质本体有所区别,整体要做到和谐统一,但近看要新旧有别。这些原则相对具体,无须多言,应该讨论的是保护和发展之间的关系,这个关系和真实性一样,也是香严寺文物工作要坚守的底线。

保护和发展都是我们需要的,在具体文物保护工作中需要实现二者的平衡,但是文物建筑或者普通的古建筑过度商业化的例子屡见不鲜,如2019年山西乔家大院景区因为过度商业化被文化和旅游部通报批评并取消质量等级。又如2023年8月引发巨大争议的天水古城商业化运营。古城在花费巨大资金修缮后,入驻了许多商家,最令人震惊的是一处建于明清时期的文物建筑被改造成了日式餐厅,失去了中国传统建筑的风貌,可谓"面目全非"。对于文物建筑及其院落能否商业化的问题,答案是肯定的。商业化可以为文物建筑带来更多的保护和利用资金,使其更好地发展,但在商业化的过程中,我们必须始终将保护放在第一位。国家一直在推进文物建筑的科学保护,但过度商业化的现象还是时有出现,必须高度重视。

谈到保护与发展或商业化之间的关系,还有一个特殊的案例值得思考,那就是2015—2016年的五龙庙①环境整治工程。五龙庙作为中国现存的四座唐代建筑之一,本身便具有较高的关注度,而这个环境整治工程更是引发了建筑师、开发商、学者和评论家们的热烈讨论。万科企业股份有限公司对五龙庙的周边环境进行了较大的干预,最后打造出精致的城市公园的景象,而五龙庙则像是这个公园中的一个雕塑(图6.6)。商业化更多表现为常见的购物、餐饮等业态的入驻,但也可能是一种更为隐性的、外表看起来公益性强或是充满文化气息的运作,文物建筑成为一个商品,在这场商业化运作中被"浓妆淡抹"。之所以有这样的判断,是因为提升公众参与度最后只体现为村民步行"走进场地",走进这个拥有五龙庙的城市公园,除此之外,我们再也听不到村民的任何声音。本质上,五龙庙和周边民众的关联已经被割离,它只向特定的目标群体敞开了大门,就像一个放在柜台上的名牌奢侈品,周边民众只能看看,根本无法真正享有(图6.7)。

判断文物建筑是否过度商业化,常见的标准是修缮前后风格的变化、修缮干预程度的高低、文物建筑的平均时段接待量、游客的参观体验和感受、入驻业态的形式和

---

① 因庙前原有五龙泉,泉水从庙基前沿涌出,故名"五龙庙",又因庙内供奉水神,封号"广仁王",也称广仁王庙,为第五批全国重点文物保护单位,为全国唯一一座唐代道教庙宇。

图 6.6 广场中的五龙庙

图 6.7 五龙庙和村民

比重等,但不能忘记还有一个更重要的标准,那就是和周边民众的关联程度,如果文物建筑开发利用后和周边民众"貌合神离",那也违背了文物保护的初衷。

三、保护与发展的策略

（一）国家高位引领，地方落实护航

改革开放之后，《中华人民共和国文物保护法》作为国家文物工作的基本法，贯彻至今。但是对文物建筑的利用却一直没有明确的法律可依。党的十八大以来，以习近平同志为核心的党中央高度重视文物工作。2016—2017年，国家文物局相继印发《关于促进文物合理利用的若干意见》《文物建筑开放导则（试行）》等文件，对鼓励社会力量参与文物保护利用提出了原则性规定。2018年，中央全面深化改革领导小组将研究制定关于加强文物保护利用改革方案列为当年的改革任务。同年7月6日，《关于加强文物保护利用改革的若干意见》由中央全面深化改革委员会第三次会议审议通过，并即日施行。这是中华人民共和国成立以来第一份专门针对文物保护利用改革的中央政策文件，意味着文物工作已被纳入中央全面深化改革的整体战略部署，文物保护迎来了新时代。2019年12月，国家文物局印发《文物建筑开放导则》，即日施行，此文件是在之前的试行文件之上优化而成。《文物建筑开放导则》鼓励文物建筑采取不同形式对公众开放，强调文物建筑开放利用的社会性和公益性，明确了文物建筑开放利用的一般条件和要求，从理念和技术层面为各地文物建筑开放利用提供了引导。

河南是中华民族和华夏文明的重要发祥地，是全国文物资源大省。河南省高度重视文物工作，在国家出台《关于加强文物保护利用改革的若干意见》之后，河南省文物局积极开展《河南省加强文物保护利用改革实施方案》（以下简称《河南实施方案》）起草工作，并于2019年10月印发。《河南实施方案》是在国家政策的框架之上，结合河南的具体条件制定而成的，对全省文物保护利用改革工作进行具体安排部署。同年，在中共南阳市委的统一领导下，南阳市人大常委会成立《南阳市文物保护条例》起草工作领导小组，历经调研论证、组织起草、征求意见、反复修改等阶段，完成《南阳市文物保护条例》并获河南省人大常委会审查批准。《南阳市文物保护条例》在国家和省相关法规的基础上结合南阳实际，凸显南阳特色，对很多政策性的指示进行了实践层面的落实，是一部高质量的地方性文物法规。

上述这些文件，是香严寺保护与发展工作的基本遵循原则。

（二）坚持政企合作，统筹保护利用

当下的文物和文化遗产旅游项目，常见的开发模式有政府主导模式、企业主导模式、政企合作模式、社区与企业合作模式、多方参与模式等。香严寺之前的开发模式偏向于多方参与模式。实践证明，此种模式不适合香严寺，原因在于香严寺涉及的利益相关者较多。各种模式都有其利弊，针对香严寺，笔者倾向于选择政企合作的开发模式，政府注重对文物的保护和价值的挖掘，而企业注重商业效益，双方合作能够在保证文物安全和价值传承的基础上，合理开发与利用，提升经济效益，经济效益的提升又可以为文物保护提供支撑。

（三）持续深挖价值，促进文化赋能

保护工作要建立在以价值为核心的认知之上，利用和开发也是如此。香严寺的价值深刻且丰富，是可供开发和利用的重要资源。应持续深挖香严寺的文物价值，包括历史的、艺术的以及文化的。将这些资源进行创造性转化、创新性发展，比如充分利用慧忠国师、唐宣宗李忱、智闲禅师、憨憨和尚、范仲淹、唐藩王等人物及其历史典故，禅宗公案等元素，打造系列故事，如"香严故事""淅川故事"，甚至是"南阳故事""河南故事"，提升香严寺旅游的历史深度和文化厚度，为后续的活化利用提供可用的素材。同样，还可以事件或"物"为主题进行开发，比如白象驮骨、无缝塔、痒痒树等。抑或是选择香严寺的建筑文化，比如梳理香严寺的营造沿革和当下建筑本体的做法，形成一系列以"中华营造"或"中原营造"为主题的文化资源。

另外，可以将淅川地方特色文化作为辅助的要素，融入香严寺与游客的互动中。

（四）丰富互动手段，提供特色体验

随着技术的升级，文物展示和阐释的手段层出不穷，而且日益现代化。相较传统的标识和解说，现代高科技手段能带来沉浸式的体验，比如增强现实（AR）、虚拟现实（VR）等。除去这些常见的高科技阐释手段之外，香严寺的保护与发展应该创造更丰富的互动体验。比如香严寺位于白崖山中，周边茂林修竹，自然环境优美，是一处天然的户外运动场所和康养休闲场所，可以结合香严寺的文化打造特定主题的主题游径或者户外体育类赛事。又如香严寺作为可以追溯至唐代的禅宗门庭和皇帝的出家之地，具有浓厚的佛教氛围和神秘的皇家气质，可以依托这种场所精神为游客提供体验不同身份生活的机会，比如禅宗高僧悟道修禅抑或古代帝王遁世出家等主题体验日，这其实和其他寺庙所提供的寺庙咖啡、菩提手串、素食斋饭本质上是一样的，但也独具特色，与香严寺的价值非常契合。

也可以举办单纯的佛事活动，吸引香客和游客加入其中，但要注意提升香客、游客的互动体验，满足他们的特定诉求，比如禅宗哲学、禅宗美学、禅宗礼仪、禅宗处事、禅宗智趣等。还可以聚焦社会热点，直接推出满足当下年轻人精神诉求的主题活动。

（五）拓宽表达路径，促进公众参与

在政企合作的保护和发展模式中，还应该致力于提升周边民众参与和表达的路径，改变以往仅由开发主体参与的模式。要引导社会力量参与文物保护与发展工作，既要建立机制，明确社会力量参与的责任和义务，也要通过创新模式激发社会力量参与的积极性。要拓宽民众参与和表达的路径，让他们真正加入香严寺的保护和发展中，同时使周边民众从保护成效中直接受益，增强他们作为主人翁的自豪感和责任心，从而提升对于地方、民族和国家的认同，增强文化自信。目前的香严寺保护与发展，社会公众力量尤其是周边民众严重缺席，他们就像看客，无法真正参与其中。

促进民众参与和表达不仅是邀请民众发表意见或者提出诉求，或者是让他们参与香严寺周边的餐饮住宿服务，也可以结合淅川地方文化来实现，比如发展地方美食、传统艺术、营造工艺等非物质文化遗产，尝试与香严寺的发展找到科学的契合点，而当地民众则自然地担负起传承和表达这些非物质文化遗产的责任。另外，还应该深挖香严寺对于周边居民的意义，比如香严寺带给周边居民一种地方连接性的情感认同，如果能在现代语境中体现这层意义，那才是真正意义上让文物"活"起来。

第七章　香光庄严
——香严十问

　　香光庄严,本是佛教术语,意为心中想着佛、念着佛,便会受到佛的影响,得到佛的品质,就像染香的人身上会有香气一样。香严寺这个名字,传说是因为慧忠入葬时山里香风数日不息,人们便撷取这层含义而成。

　　香严寺这座古寺,虽然建筑多属清代遗存,但赓续不断的历史却可以追溯至一千多年以前,它的清幽、厚重和神秘,一度让笔者在筹划撰写和出版这本专著时望而却步。虽然笔者也算是在建筑学和建筑史的学术领域里"摸爬滚打"了十几年,受过系统的理论和研究的熏陶,但面对香严寺,笔者并没有十足的把握去全面地认识它,更遑论以一种完美的逻辑将它写进一本体量有限的书里。随着研究的深入和行文的展开,这种感觉愈发强烈,香严寺所蕴含的历史信息实在太过丰富,越向深处挖掘,越能发现其精妙和深奥之处,总会不由感叹由于自身水平和时间精力等条件的限制,不能畅快地在这个建筑、绘画、宗教、政治、民俗、文学等多维度交织的历史世界中遨游。

　　但是不论如何,行文已经来到了最后,所以才有了些许轻松之感,但也感到了沉重的责任和压力。因为笔者的解读只是呈现了笔者心中的香严寺,但笔者心中的香严寺和客观存在的香严寺肯定是有差距的,所以本书可能存在一些狭隘和偏颇之处。读者或可用闲适的心态阅读此书,应该能为心中的香严寺增添一道新的历史面相,但是也欢迎用批判的眼光和审慎的态度去阅读,激发有益的思考,甚至是学术的争辩。

　　在收笔之际,笔者把研究所留存的问题一并梳理至此,姑且称之为"香严十问",希望能够抛砖引玉、引发更深入的探索,让我们更接近真实的香严寺。

　　第一问是香严寺上下两寺的始建年代。本书将现存香严寺即上寺的修建年代锁定至 762—775 年,对于比较常见的建于"大唐开元二年(714 年)"的观点持保留意见;下寺的始建年代仍然不详,目前见到的最早关于香严寺分为上下寺的记载来自明宣德年间所刻的碑文《重修十方长寿大香严禅寺记》。

第二问是范仲淹和香严寺的关联。明清方志中多记载范仲淹留有一句诗，"白崖山下古禅刹"，但在目前可见的文献中未发现范仲淹和香严寺的更多关联，范仲淹曾在邓州做知州，当时的香严寺属于邓州。目前只找到范仲淹次子范纯仁的一首诗和香严寺有关，即《寄香严海上仙人》。范仲淹的全诗以及其他更多和香严寺的关联，有待更深入的挖掘。

第三问是明代太虚禅师重修香严寺和武当山建筑群的关联。明代香严寺的重修主要归功于太虚禅师。明万历年间的《礼部付札》碑记记载太虚被恩准使用武当山建设剩余废料在太虚结庵守护的香严寺基址上进行重建，但其他碑记却没有提及，只提到了太虚禅师修建香严寺缺少物资之事，因此这件事情的原委值得深入探究，或许能由此发现香严寺建设与武当山建设之间的关联。

第四问是重修宣宗殿与颛愚禅师重建香严寺计划的关系。清雍正十三年（1735年）的《重修宣宗皇帝殿碑记》由颛愚禅师所写。碑文第一部分解释了为何香严寺与天下佛寺不同、以唐宣宗为护法的原因；第二部分讲述了上下两寺修缮完毕后的某一天，颛愚在打坐过程中眼前突然闪过宣宗殿无故坍塌的景象，第二天去上寺查看，宣宗殿果然如他定中所见，于是开始聚集工材，很快便将宣宗殿修缮一新。至于为什么唯独宣宗殿在之前未得到修缮，碑文解释为两寺修缮完毕后，一直没有闲暇。当时颛愚在忙些什么？"一直没有闲暇"这个理由似乎不是很充分，也可能是宣宗殿并不在颛愚最开始的重建计划里。重修宣宗殿的缘由很有挖掘的必要，可能和当时对香严寺为皇帝避难之地一事的态度、明朝敕赐新寺名"显通"以及颛愚禅师个人的观念等诸多因素有关，而这些对于我们认知香严寺大有裨益。

第五问是香严寺地形与钟楼、东路建筑之间的关联。香严寺所处的位置可能不像人们常说的那样是"风水宝地"。香严寺的西边高、东边低，这在传统的风水观念中并不是好的地形，上寺将钟楼建在了香严寺轴线的东侧，香严寺轴线东路建筑明显多于西路，以及东塔林整体体量明显大于、高于西塔林，等等，都是为了弥补地形的缺陷，但这种关联有待更深入的探察以佐证。

第六问是香严寺和唐王府的关联。明永乐年间，朝廷以南阳卫治改建唐王府，不久，唐王朱桱就藩南阳，自此，南阳的历史便被打上唐藩的烙印。流传的藩王西去香严寺进香没有文献佐证，但是藩王修建香严寺和南阳之间的三座石桥，有文献可证，而且在香严寺也发现了刻有"大明唐府重建"或类似字样的牌坊和墓塔碑刻，所以能肯定的是二者存在关联，但具体是怎样的关联，仍需更多的史料来厘清。

第七问是现存望月亭和宣宗殿之间的关系。根据《重修宣宗皇帝殿碑记》所载，宣宗殿为清雍正十三年重建，即1735年。现在香严寺内存有望月亭，望月亭旁边的标志牌上介绍望月亭就是宣宗殿，但望月亭的建筑做法体现出明显的北方官式风格，包括它的斗拱、屋面等,而香严寺其他建筑多为南北融合的地方做法,所以望月亭非常独特。但如何断定望月亭就是宣宗殿,文献和碑记中并没有相关的细节可考,而且如果 1735 年重修时仍称之为宣宗殿的话,那为何现在反而更多称之为望月亭,这个变化由谁推动和主导?背后的原因又是什么呢?

第八问是香严寺大雄宝殿的壁画。在香严寺的官方介绍中,大雄宝殿的壁画为《朝元图》,但笔者认为这幅壁画更像是佛教题材的二十四诸天图,东西各 12 位神祇。经过比对,壁画上的神祇基本都能和"二十四诸天"一一对应,只有一位不能完全确定。对于这一问题,希望更专业的方家能解开历史的真相。

第九问是香严寺的建筑形式丰富、层次分明,设计者充分利用地形的高差合理地分配了建筑的高度、面阔与进深,使得香严寺的建筑群展现出非常明确的节奏变化,这是建筑师的妙手偶得,还是深思熟虑后刻意而为之?这种建筑群的设计思想以及相关的技术现在已经无从考证,希望将来学界同人用更多的案例去揭示中国传统建筑院落空间设计的手法及思想。

第十问是香严寺建筑的风格与做法很明显与鄂西、川东、黔东北地区建筑风格和做法有一定的渊源,而较少受到中原地区建筑风格的影响,是不是可以认为香严寺所处的汉江沿岸是川鄂黔文化区的北部边界线?这里涉及文化区域的分界问题,有待进一步的研究和论证。

回望千年,香严寺几度兴废。高僧梵音今何在?古寺翠竹月正圆。本书的撰写过程就是扫去历史尘埃、重新认识香严寺的过程,从它的历史、环境,到它的建筑和价值,再到保护和发展,像是进行了一场和先贤胜迹的对话,是与香严释家现世相遇下的促膝长谈,更是与香严古寺的圆融合真。这是一个"发现香严寺"的过程,发现其隐于时间的细节和历史面相,发现其背后与社会各个阶层的羁绊,发现其当代意义上的文物价值。对于香严寺的研究,正如雷庵正受禅师所言,"千江有水千江月,万里无云万里天"。各家皆有见地,本书考据采访,难免存在舛错,敬请各位读者补充纠正。

有黄庭坚禅诗一首放于文末,表撰写之感:

眼入毫端写竹真,枝掀叶举见精神。

因知幻物出天象,问取人间老斫轮。

参 考 文 献

[1] 胡适.神会和尚遗集[M].上海:上海亚东图书馆,1930.

[2] 索罗宁,李杨.南阳慧忠(? ～775)及其禅思想——《南阳慧忠语录》西夏文本与汉文本比较研究[C]//中国社会科学院民族学与人类学研究所.中国多文字时代的历史文献研究.北京:社会科学文献出版社,2010:24.

[3] 于辅仁.唐宣宗出家考[J].山西大学师范学院学报(哲学社会科学版),1990(2):84-88.

[4] 玄胜旭.中国佛教寺院钟鼓楼的形成背景与建筑形制及布局研究[D].北京:清华大学,2013.

[5] 佛教中的"长生库"制度[J].中国金融家,2008(5):110.

[6] 陶善耕,明新胜.中州古刹香严寺[M].北京:中国致公出版社,2001.

[7] 赵娜.香严智闲禅师论析[J].河南科技大学学报(社会科学版),2018,36(1):10-14.

[8] 任义玲.明代南阳藩王唐王朱柽圹志及相关问题[J].文博,2007(5):25-28.

[9] 邓州市地名办公室.河南省邓州市地名志[M].西安:陕西人民出版社,1991:457.

[10] 南阳地区交通志编纂委员会.南阳地区交通志[M].郑州:河南人民出版社,1995:52.

[11] 党蓉.禅宗各宗派及其重要寺庙布局发展演变初探[D].北京:北京工业大学,2015.

[12] 李东遥.地以高贤胜,图将美迹传——图像中的中国传统古迹观念及其近现代重要演变[D].天津:天津大学,2024.

[13] 张十庆.关于卵塔、无缝塔及普同塔[J].中国建筑史论汇刊,2016(1):121-133.

[14] 王贵祥.唐宋古建筑辞解——以宋《营造法式》为浅案[M].北京:清华大学出版社,2023:48.

[15] 通然.神会的开法活动及其影响——以南阳龙兴寺时期和洛阳荷泽寺时期为中心[J].佛学研究,2019(2):234-249.

[16] 王宏涛.南阳镇平菩提寺[J].寻根,2017(2):133-140.

[17] 车辙.临济义玄禅学思想研究[D].大连:大连理工大学,2020.

[18] 张倩.白云禅系研究[D].北京:中央民族大学,2017.

[19] 李祥妹.中国人理想景观模式与寺庙园林环境[J].人文地理,2001(1):35-39.

[20] 殷永达.九华山寺庙建筑[M].北京:中国建筑工业出版社,2016:36.

[21] 赵光辉.中国寺庙的园林环境[M].北京:北京旅游出版社,1987.

[22] 傅熹年.中国古代城市规划、建筑群布局及建筑设计方法研究[M].2版.北京:中国建筑工业出版社,2015:23.

[23] 李浈,刘军瑞.近世的区域"营造尺"南北差异比较——"乡尺"的共时性特征解读[J].建筑史学刊,2023,4(1):18-30.

[24] 梁方仲.中国历代户口、田亩、田赋统计[M].北京:中华书局,2008.

[25] 王贵祥,等.中国古代建筑基址规模研究[M].北京:中国建筑工业出版社,2008:163.

[26] 袁牧.中国当代汉地佛教建筑研究[D].北京:清华大学,2008.

[27] 傅熹年.中国古代建筑史(第二卷)[M].北京:中国建筑工业出版社,2001.

[28] 宿白.魏晋南北朝唐宋考古文稿辑丛[M].北京:文物出版社,2011:230.

[29] 傅熹年.傅熹年建筑史论文集[M].北京:文物出版社,1998.

[30] 李鼎霞,白化文.佛教造像手印[M].北京:北京燕山出版社,2000:148.

[31] 葛寅亮.金陵梵刹志[M].南京:南京出版社,2011.

[32] 王贵祥.中国汉传佛教建筑史——佛寺的建造、分布与寺院格局、建筑类型及其变迁(下)[M].北京:清华大学出版社,2016:1693.

[33] 陈立.白虎通疏证[M].吴则虞,点校.北京:中华书局,1994:302-304.

[34] 王君荣.阳宅十书[M].北京:中医古籍出版社,2017.

[35] 袁晓菊,张兴国."丈八八"形制影响下的大木构架尺度表达——以木格倒苗寨及土家大寨传统民居为例[J].古建园林技术,2024(3):8-13.

[36] 午荣.新镌京版工师雕斫正式鲁班经匠家镜[M].李峰,注解.海口:海南出版社,2003:132.

[37] 张卓远,王歌.豫南歇山顶建筑二式[J].古建园林技术,2011(2):12-14.

[38] 王歌.豫南地区歇山顶建筑浅议[J].文物建筑,2010(0):71-74.

[39] 姚承祖.营造法原[M].张至刚,增编.刘敦桢,校阅.北京:中国建筑工业出版社,1986:37.

[40] 侯洪德,侯肖琪.图解《营造法原》做法[M].北京:中国建筑工业出版社,2014:47.

[41] 乔迅翔.贵州铜仁地区穿斗架营造技艺[J].文物建筑,2019(0):16-28.

[42] 孙大章.中国民居研究[M].北京:中国建筑工业出版社,2004.

[43] 陈元靓.事林广记·辛集卷上·算法类·飞白尺法[M].北京:中华书局,1992:
     203.

[44] 胡金.《工段营造录》研究[D].南京:南京工业大学,2012.

[45] 牛晓霆,王逢瑚,曹静楼.压白尺考[J].古建园林技术,2012(1):13-19.

[46] 程建军.风水解析[M].广州:华南理工大学出版社,2014.

[47] 蒋广全.苏式彩画白活的两种绘制技法[J].古建园林技术,1997(4):23-24.

[48] 张昕.山西风土建筑彩画研究[D].上海:同济大学,2007.

[49] 黄文智.高平铁佛寺二十四诸天考辨[J].中国美术研究,2020(1):59-66.

[50] 刘骎.水陆画龙王图像探究[J].艺术探索,2021,35(5):19.

[51] 王璐露.绘画创作中关于梦境的表现[D].重庆:四川美术学院,2021.

[52] 张书彬.渡海化现与法脉转移——日本醍醐寺藏《文殊渡海图》研究[J].美术观
     察,2018(9):112-117.

[53] 柴泽俊.略论山西古代壁画[J].山西档案,2012(1):13.

[54] 柴泽俊.山西寺观壁画[M].北京:文物出版社,1997:120.

[55] 董群.法华经[M].北京:东方出版社,2018.

[56] 赵成甫,吴曾德.淅川县香严禅寺中兴碑记中的水文资料[J].中原文物,1982
     (1):2.

[57] 潘谷西.中国建筑史[M].7版.北京:中国建筑工业出版社,2015.

[58] 王巍,吴葱.论文化遗产的科学价值[J].建筑遗产,2018(1):39-44.

[59] 陆地.建筑遗产保护、修复与康复性再生导论[M].武汉:武汉大学出版社,2019:
     47-59.

[60] 伍先林.沩仰宗的禅学思想[J].世界宗教研究,2014(3):52-60.

[61] 于辅仁.唐武宗灭佛原因新探[J].烟台师范学院学报(哲学社会科学版),1991
     (3):53-60.

[62] 喻梦哲,张陆."假歇山"概念溯源及其类型浅析[J].建筑遗产,2023(3):84-93.

[63] 杨焕成.杨焕成古建筑文集[M].北京:文物出版社,2009:40-41.

[64] 岳全.从南阳香严寺壁画看儒释道文化融合[J].文物鉴定与鉴赏,2023(8):
     17-20.

[65] 王巍.西方"权威化遗产话语"的再认识及其在中国的本土化表达——对若干重

要主题词的讨论[D].天津:天津大学,2023.

[66] 杨淳.利益相关者视角下的泉州西街保护开发研究[D].泉州:华侨大学,2017.

[67] 国家文物局,等.国际文化遗产保护文件选编[M].北京:文物出版社,2007.

[68] 比丘明复.中国佛学人名辞典[M].北京:中华书局,1988.

[69] 戴俭.禅与禅宗寺院建筑布局研究[J].华中建筑,1996,14(3):94-96.

[70] 宗白华.美学散步[M].上海:上海人民出版社,1981.

附录：主要建筑测绘图纸^①

---

①　本附录默认尺寸单位为毫米，标高单位为米。

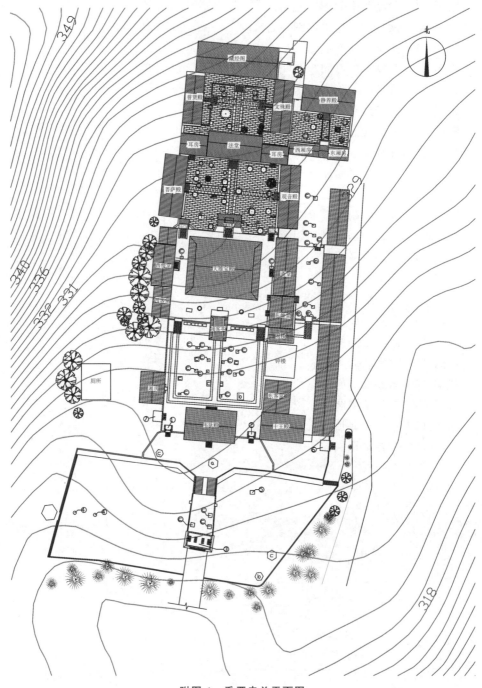

附图-1 香严寺总平面图

附图-2 香严寺总剖面图

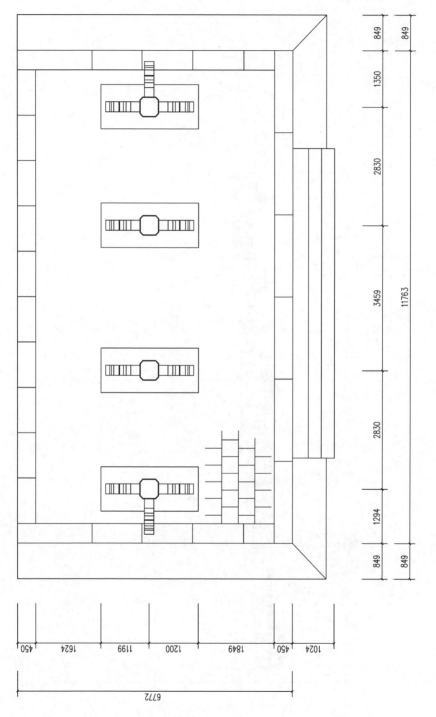

附图-3 石牌坊平面图

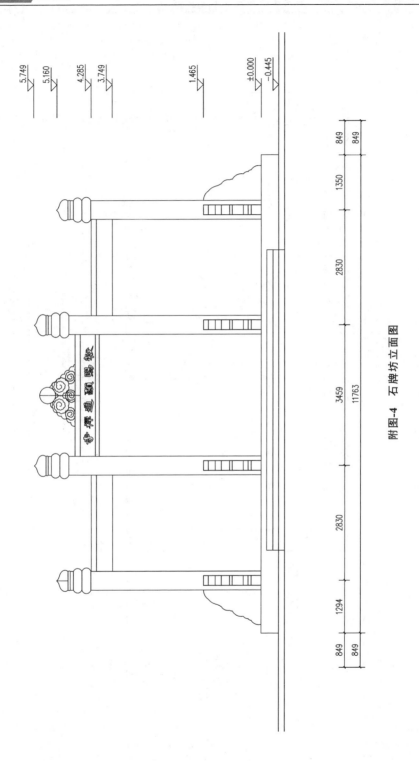

5.749
5.160
4.285
3.749
1.465
±0.000
−0.445

849
849
1350
2830
3459
11763
2830
1294
849
849

附图-4　石牌坊立面图

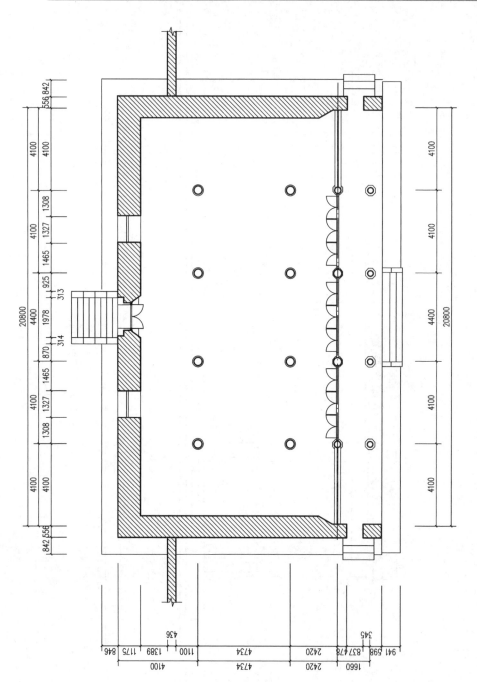

附图-5 韦驮殿平面图

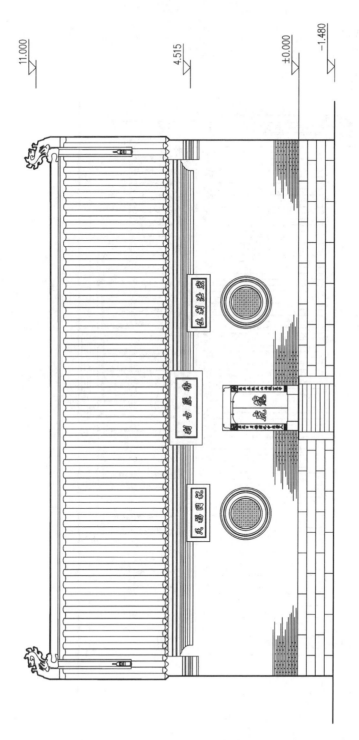

11.000

4.515

±0.000

-1.480

附图-6 韦驮殿正立面图

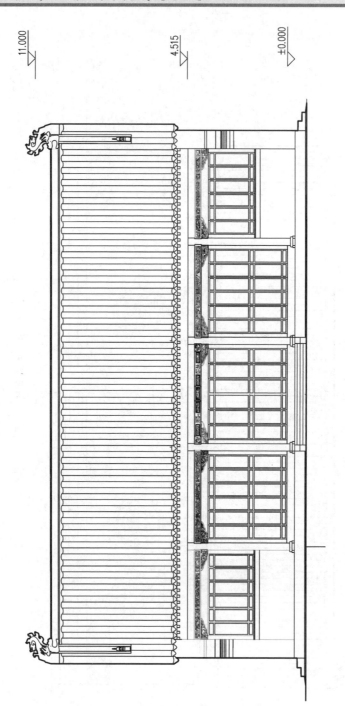

附图-7 韦驮殿背立面图

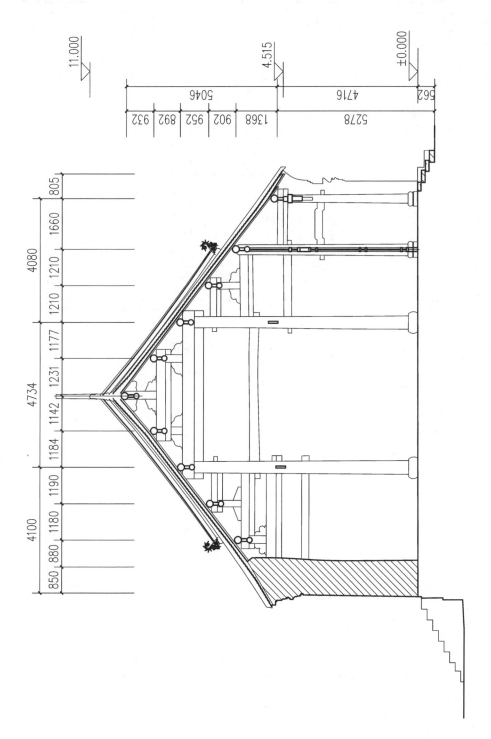

附图-8 韦驮殿次间剖面图

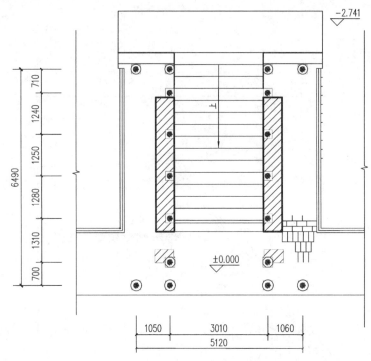

附图-9　接客亭平面图

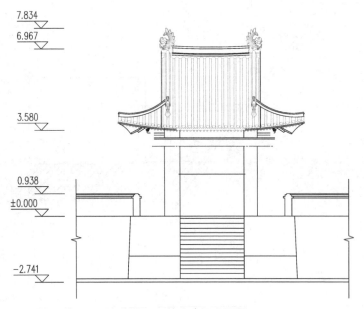

附图-10　接客亭正立面图

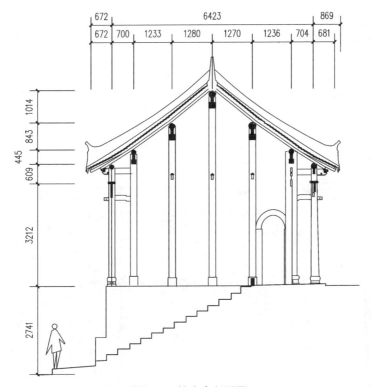

附图-11　接客亭剖面图

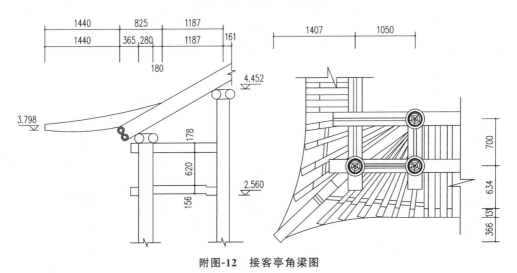

附图-12　接客亭角梁图

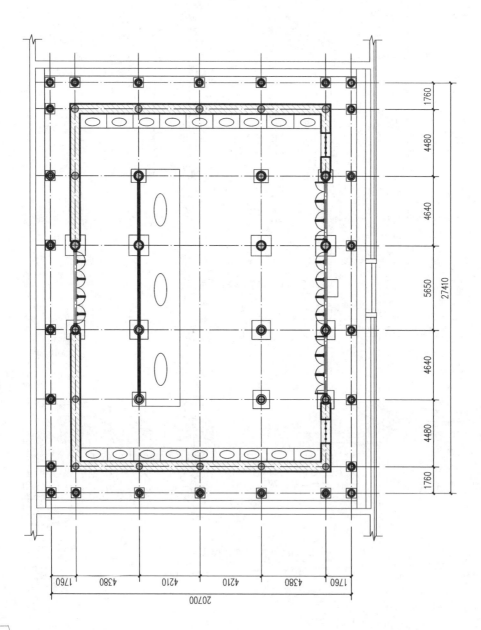

附图-13 大雄宝殿平面图

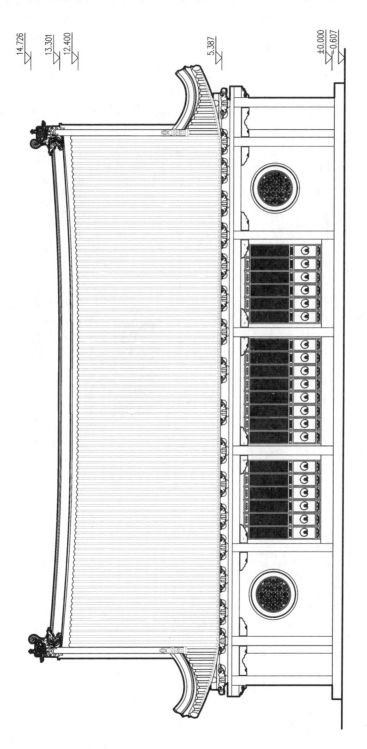

附图-14 大雄宝殿正立面图

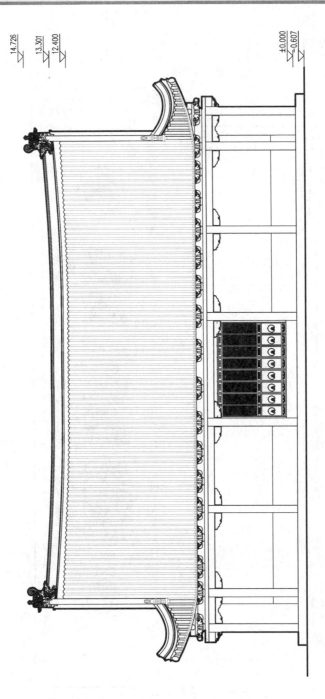

附图-15 大雄宝殿背立面图

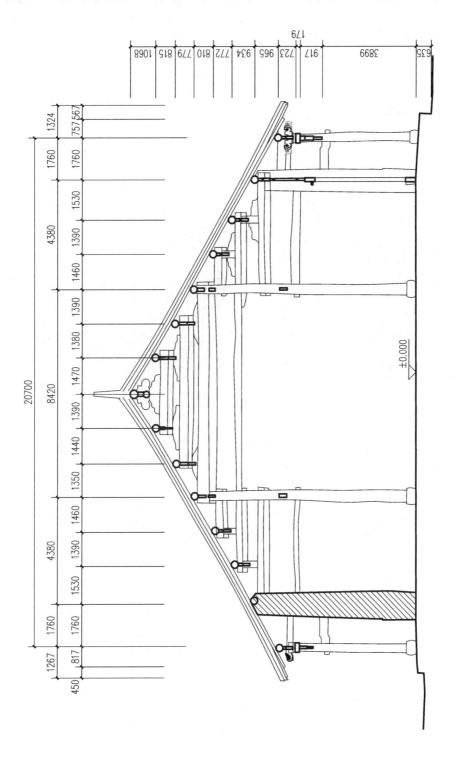

附图-16 大雄宝殿剖面图

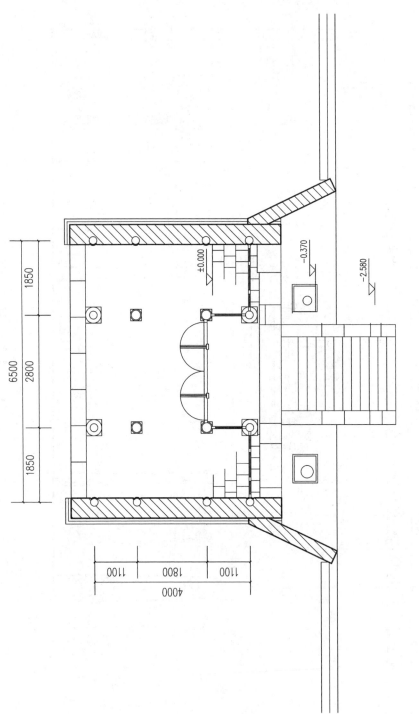

附图-17 望月亭平面图

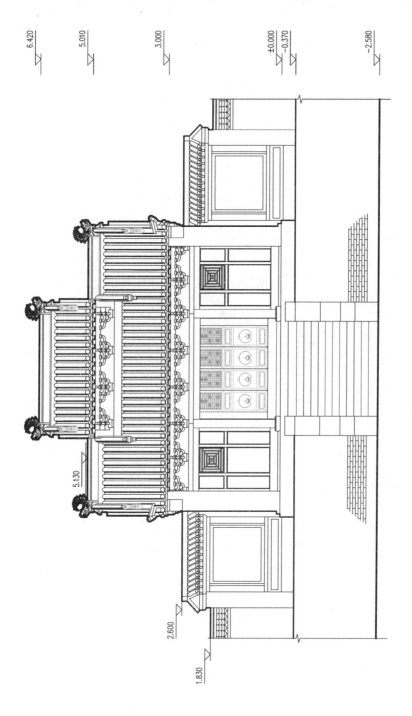

附图-18　望月亭正面图

6.420

5.010

3.000

±0.000
－0.370

－2.580

5.130

2.600

1.830

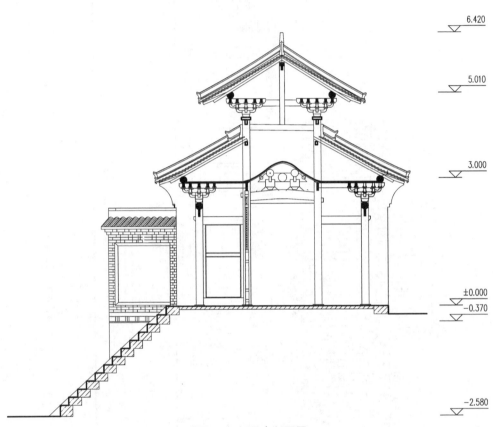

附图-19　望月亭剖面图

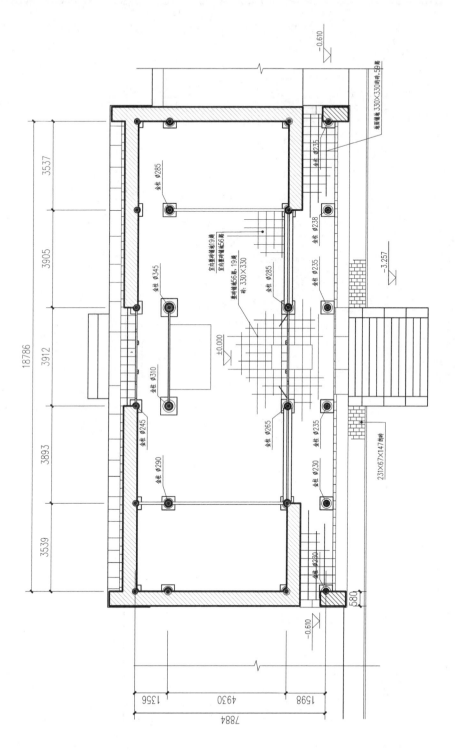

附图-20 法堂平面图

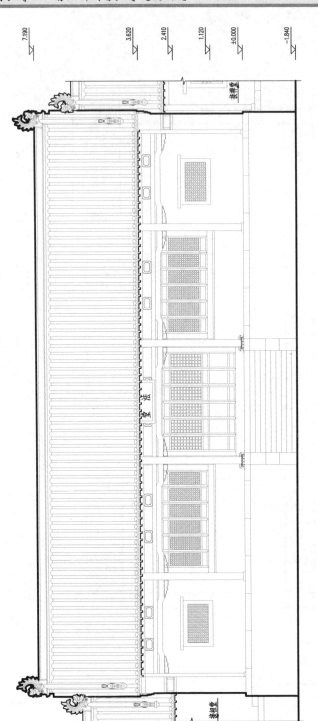

附图-21 法堂正立面图

法堂

接待室

接待室

7.190

3.620

2.410

1.120

±0.000

-1.840

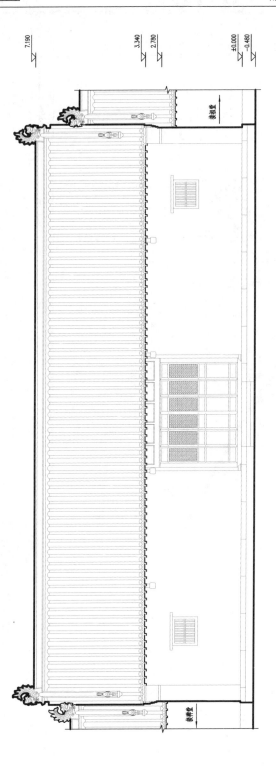

附图-22 法堂背立面图

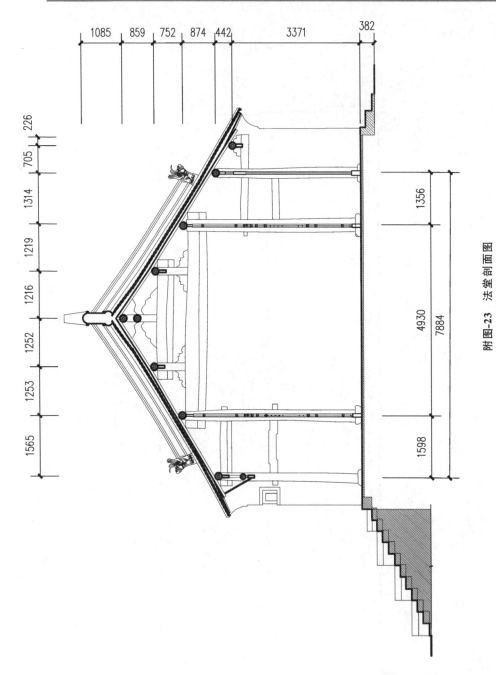

附图-23 法堂剖面图

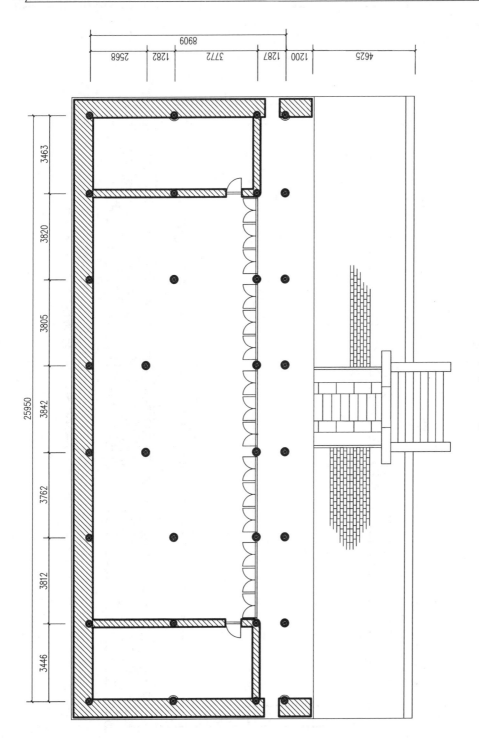

附图-24　藏经阁平面图

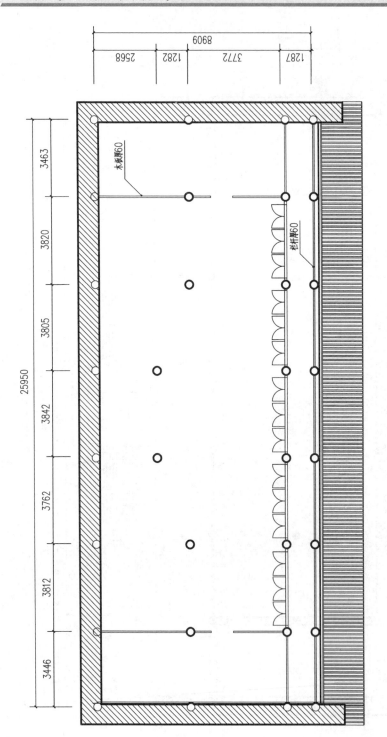

附图-25 藏经阁二层平面图

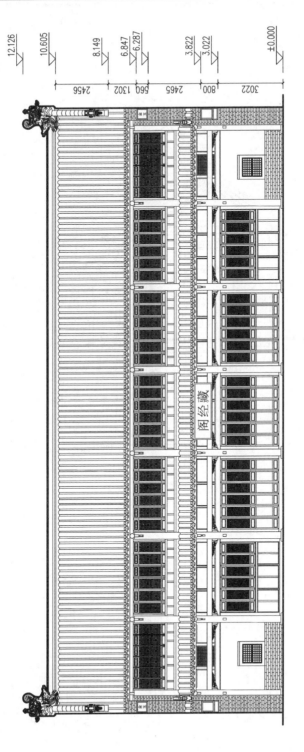

附图-26　藏经阁南立面图

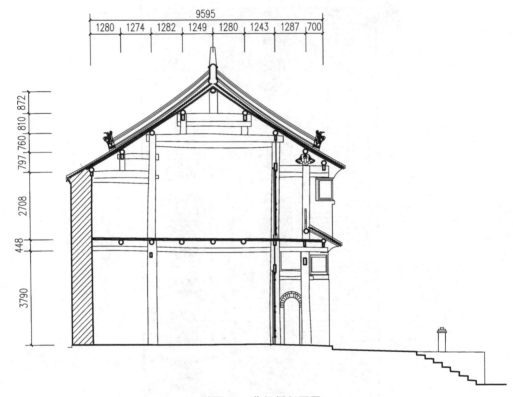

附图-27 藏经阁剖面图

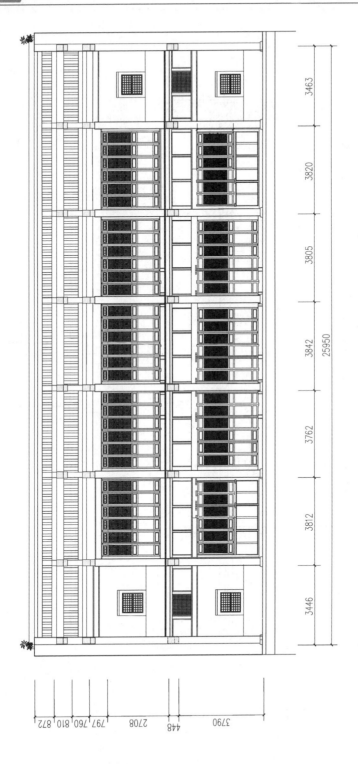

附图-28 藏经阁纵剖面图

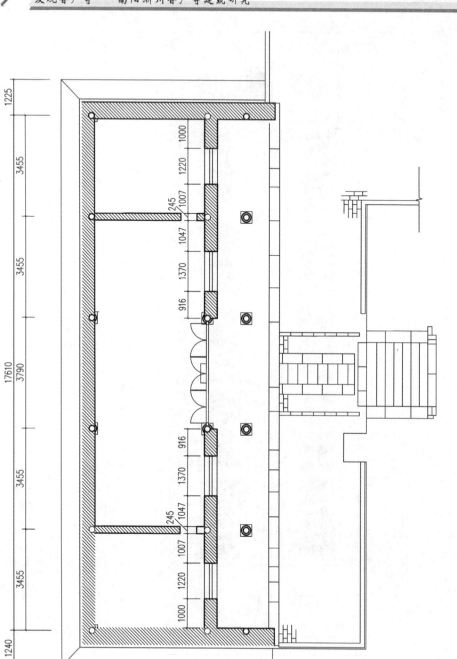

附图-29　普贤殿平面图

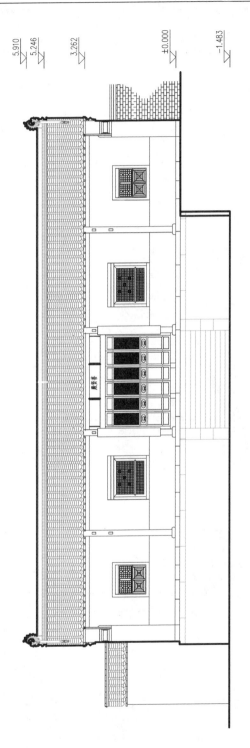

附图-30 普贤殿立面图

233

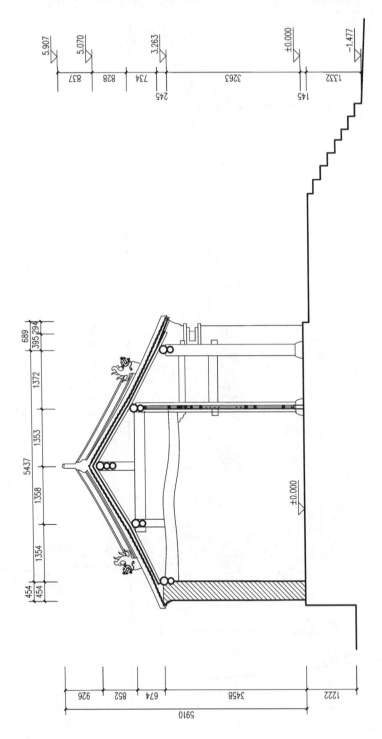

附图-31 普贤殿剖面图

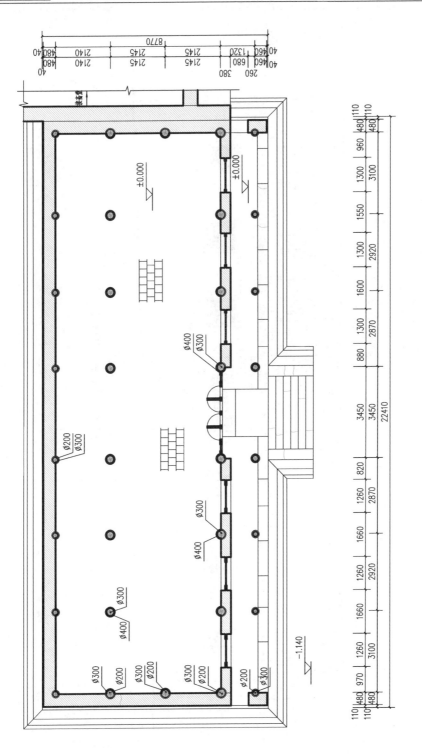

附图-32 观音殿平面图

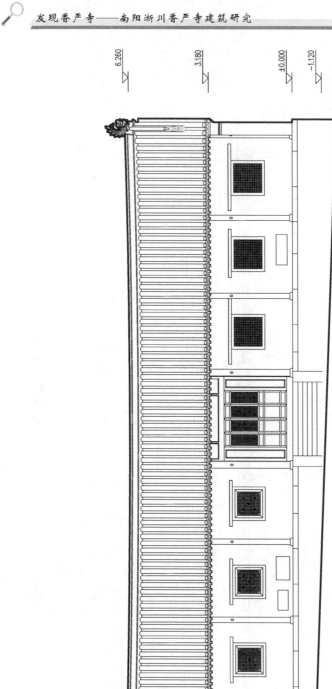

附图-33 观音殿正立面图

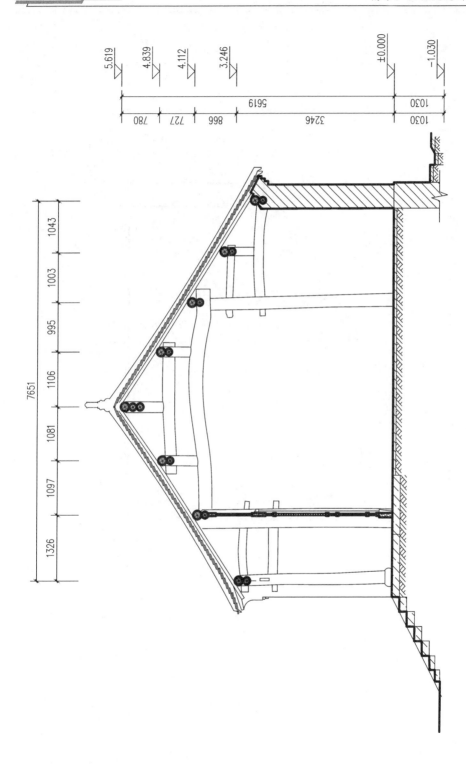

附图-34 观音殿明间剖面图

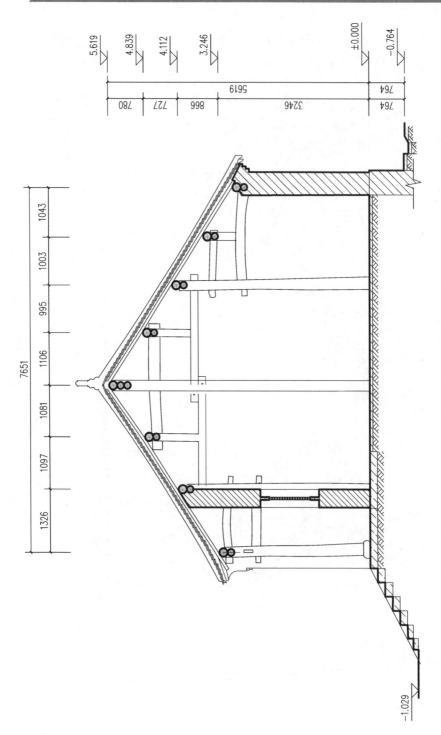

附图-35　观音殿稍间剖面图

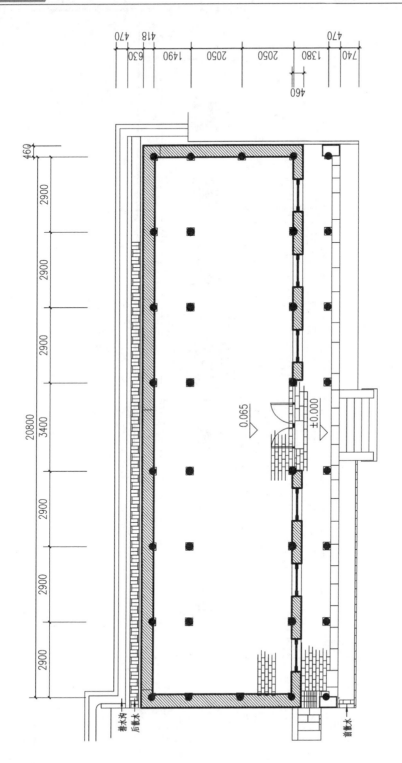

附图-36 菩萨殿平面图

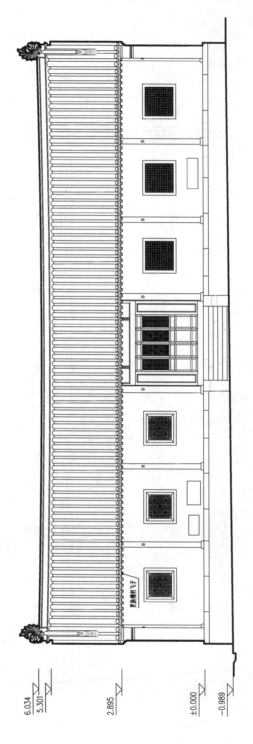

附图-37 菩萨殿正立面图

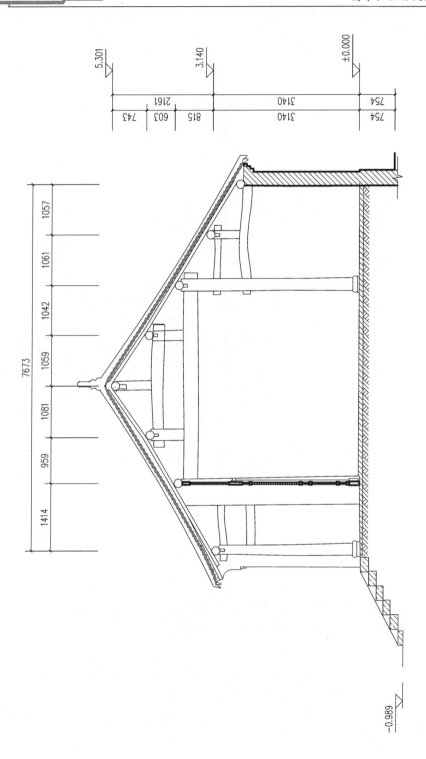

附图-38 菩萨殿剖面图

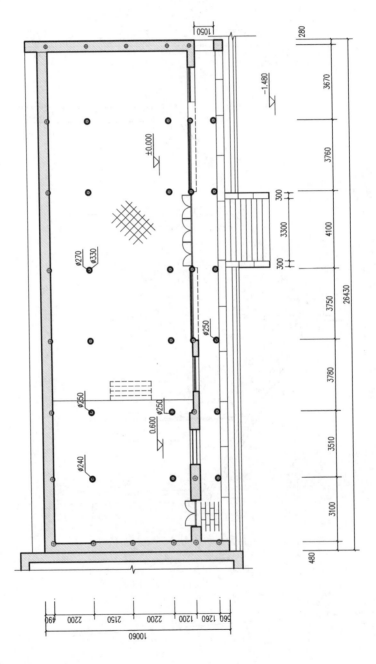

附图-39 斋堂平面图

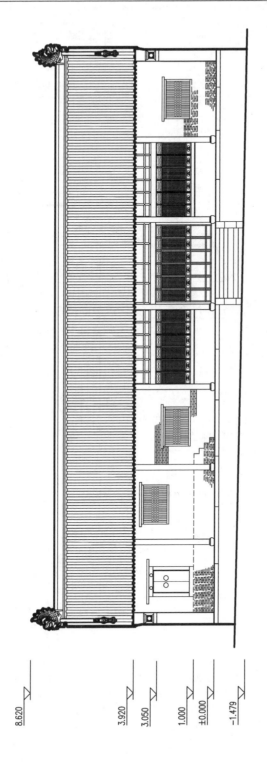

附图-40 斋堂正立面图

8.620

3.920

3.050

1.000

±0.000

-1.479

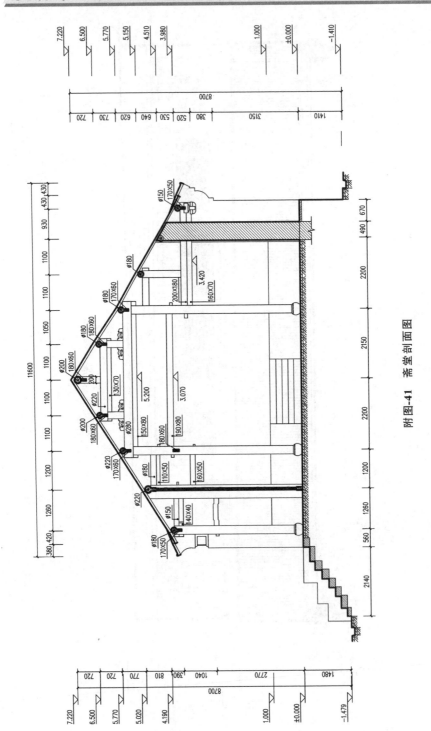

附图-41 客堂剖面图

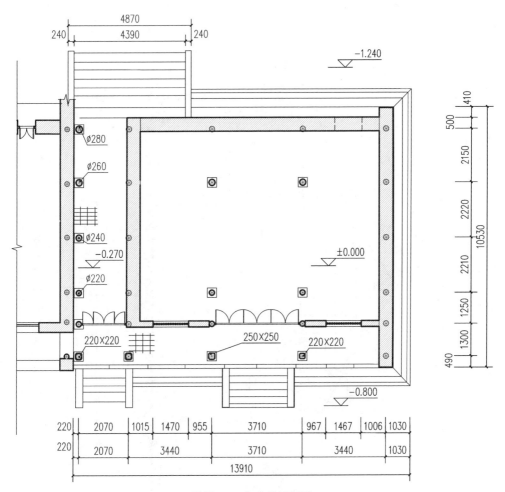

附图-42　东客堂平面图

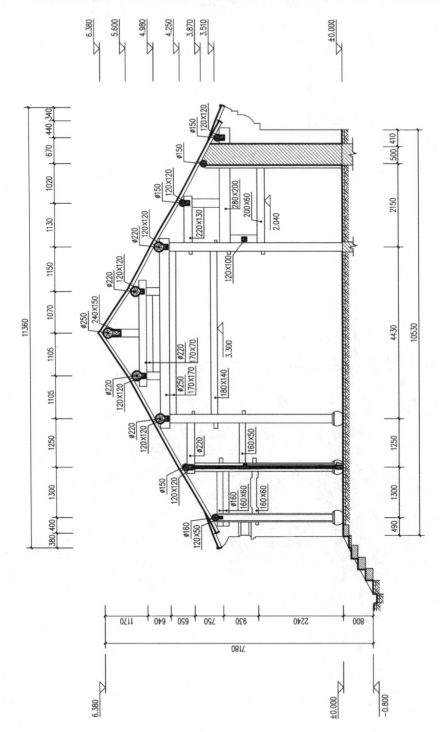

附图-43　东客堂明间剖面图

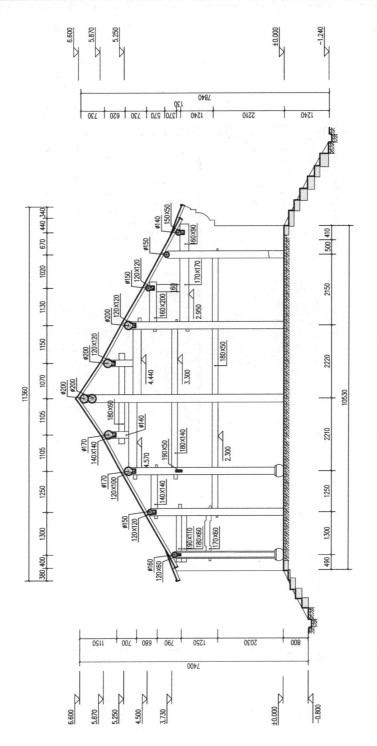

附图-44 东客堂北稍间过道剖面图

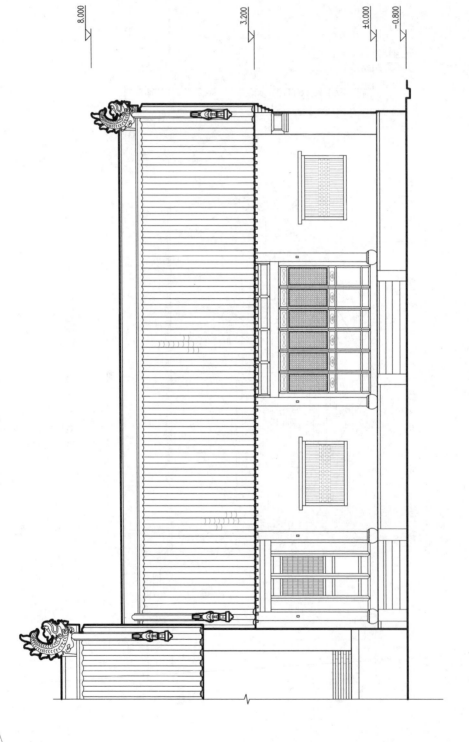

附图-45　东客堂正立面图

后　记

对香严寺的研究是我进入南阳理工学院建筑学院工作之后开展的第一个单体建筑的研究,历经几年的测绘积累与整理,如今付梓成书,内心非常喜悦。成书的过程离不开学院领导的关心支持、前辈学者的耐心指导和教学团队的倾力合作,在此表达我的感谢。

对香严寺的调查、测绘和资料搜集工作,得到了香严寺文物管理所所长马海林及其他工作人员的帮助;在书稿校核的过程中,得到了学友荆松锋博士、周悦煌博士和李东遥博士的帮助;在资料搜集和书稿撰写的过程中,得到了南阳理工学院历史建筑保护工程专业迟鸿津、贾兵、王瑜彬、余京龙、郝凯旋等同学的帮助,在此对他们谨表谢忱。

本书的附录为香严寺测绘图。香严寺测绘分两次进行,一次在 2020 年冬天,指导教师为我、李斌、赵瑞、贺一明,参与学生为南阳理工学院 2018 级历史建筑保护工程专业同学;第二次测绘在 2023 年夏天,指导教师为我、李斌、余淑君,参与学生为2021 级历史建筑保护工程专业同学。感谢赵瑞、余淑君、马兴波、李延克等师友在古建筑调研与测绘这条路上的陪伴与帮助。

我从研究生阶段开始了建筑史与建筑遗产保护的深入学习,十多年以来,获得了母校天津大学的师友以及其他诸多前辈和学友们的无私帮助,包括在巴黎第一大学联合培养期间的老师和朋友,希望能用这本书表达些许感激。感谢本科阶段的母校河北工业大学建筑与艺术设计学院的老师们,是他们带领我进入建筑学的领域。

李合群老师是河南大学建筑工程学院的教授,是我非常敬重的学术前辈,感谢李老师在百忙之中拨冗赐序。

感谢编辑和出版团队,还有很多人也为本书的出版提供过帮助,限于篇幅,未能逐一列举,感谢他们!

本书的分工如下:第一、二、三、五、六、七章由王巍撰写;第四章由李斌、王巍和贺一明共同完成,其中第一节由王巍撰写,第二节至第六节由李斌和王巍共同撰写,第七节由贺一明和王巍共同撰写。

王　巍

2024 年 9 月